无机及分析化学学习指导

主编 阎 杰

郑州大学出版社

内容提要

本书为无机及分析化学课程学习指导。全书共分 10 章，其中第 10 章为在线考试系统简介，其余各章内容包括内容提要，以节为单位的练习题以及以章为单位的复习思考题。练习题主要由选择题、判断题、问答题与计算题组成。复习思考题主要由选择题、判断题以及计算题组成。为了方便教学和满足学生学习与考试的需要，本书与已建成的"在线考试系统"配套，书中选择题与判断题均已录入在线考试系统的试题库。书后附有练习题及复习思考题的参考答案。

本书可供化学、化工、农学等相关专业的本科生使用，尤其适合作为学习无机及分析化学的辅导教材，也可以作为研究生入学考试的参考书。

图书在版编目（CIP）数据

无机及分析化学学习指导／阎杰主编. — 郑州：郑州大学出版社，2022. 2
ISBN 978-7-5645-8331-6

Ⅰ. ①无…　Ⅱ. ①阎…　Ⅲ. ①无机化学－高等学校－教学参考资料②分析化学－高等学校－教学参考资料　Ⅳ. ①O61②O65

中国版本图书馆 CIP 数据核字（2021）第 233411 号

无机及分析化学学习指导
WUJI JI FENXI HUAXUE XUEXI ZHIDAO

策划编辑	袁翠红		封面设计	苏永生
责任编辑	杨飞飞		版式设计	凌　青
责任校对	崔　勇		责任监制	凌　青　李瑞卿

出版发行	郑州大学出版社		地　　址	郑州市大学路 40 号（450052）
出 版 人	孙保营		网　　址	http://www.zzup.cn
经　　销	全国新华书店		发行电话	0371-66966070
印　　刷	河南大美印刷有限公司			
开　　本	787 mm×1 092 mm　1 / 16			
印　　张	12.25		字　　数	248 千字
版　　次	2022 年 2 月第 1 版		印　　次	2022 年 2 月第 1 次印刷

书　　号	ISBN 978-7-5645-8331-6		定　　价	39.00 元

编委名单

前　言

　　"无机及分析化学"是高等农林院校在课程体系和教学内容改革中,由传统的"无机化学"与"分析化学"整合而成,并在教学实践中不断完善。新体系避免了教学内容的重复与脱节。但是,"无机及分析化学"课程内容多,理论与实践性很强,而教学学时少,教学进度快,学生在学习中常常感到困惑,不能很好地掌握学习的重点与难点。编写《无机及分析化学学习指导》既方便了学生复习与练习,同时又便于学生检验自己的学习情况。

　　本书在《无机及分析化学学习指南》(阎杰主编)的基础上进行适当的拓展与修改而成。针对每节内容新增了练习题并提供参考答案,还对部分章节的内容进行了适当调整,方便学生有针对性地复习与练习。同时,本书与网络考试系统配套,本书的选择题与判断题均已录入网络考试系统的试题库。

　　本书具体编写分工如下:第1章化学热力学基础、第3章物质结构基础由毛淑才编写;第2章化学平衡、第4章化学分析、第6章沉淀溶解平衡与沉淀滴定由徐华编写;第5章酸碱平衡与酸碱滴定、第7章配位平衡与配位滴定由阎杰编写;第8章氧化还原平衡与相关分析法由陈铧耀编写;第9章吸光光度分析法主要由程杏安编写,阎杰参与编写了部分练习题;第10章无机及分析化学在线考试系统简介由肖爱平、侯超钧编写。本书配套的在线考试系统由侯超钧、肖爱平构建并进行日常维护。全书由陈循军教授负责主审。在编写过程中还得到了仇江珍、邓湘玲、丁姣、何明、黄启章、黄素青、李翠金、吕晓静、王蔚琳、吴连英、杨富杰、于雷、钟细明、朱国典等老师的大力支持、参与。研究生黄惠敏、周志坚、邹子君、许秋林等参与了试题的录入、修改与校对工作。同时,本书是在已有《无机及分析化学学习指南》及早期自编教材的基础上,结合时代发展需求,经拓展、完善、修改而来。在早期教材的建设过程中,林海琳、周家容、宋光泉、陈海德、刘展眉、陈睿、王新爱、舒绪刚、肖文清、林轩、胡洪超等老师付出了大量心血。没有他们前期的工作,以及各位编者的鼎力支持,本书出版是极为困难的,在此表示衷心的感谢。

　　鉴于编者水平所限,书中可能尚有不当之处,恳请广大读者批评指正。

　　E-mail:yanjie0001@126.com

阎　杰

2022年1月于广州

目录

第1章　化学热力学基础

内容提要

了解热力学常用术语及内能、焓、熵和自由能等状态函数的概念和意义;掌握热力学第一定律、盖斯定律、物质的标准生成焓及有关计算与应用;能利用自由能变化判断化学反应的自发方向。

1.1　相关概念

1.1.1　体系与环境

体系:作为研究对象的一定物质或空间所组成的整体,也称系统。体系以外的其他物质或空间则称作环境。

热力学体系可分为三种:孤立体系、封闭体系、敞开体系。

1.1.2　状态与状态函数

状态:由一系列表征体系性质的物理量所确定下来的体系的一种存在形式,称为体系的状态。

状态函数:确定体系状态的物理量,如体积、温度、压力、物质的量等。状态函数的一个重要性质,就是它们的数值大小只与体系所处的状态有关,也就是说,在体系从一种状态变化到另一种状态时,状态函数的增量只与体系的始态和终态有关,而与完成这个变化所经历的途径无关。

体系各个状态函数之间是相互制约的,若确定了其中的几个,其余的就随之而定。例如对于气体,如果知道了压力、温度、体积、物质的量这四个状态函数中的任意三个,就能用状态方程式确定第四个状态函数。

1.1.3　过程和途径

过程:体系的状态发生变化,从始态到终态,经历了一个热力学过程,简称过程。例如:

【等温过程】在保持温度不变的情况下(指体系的始态温度与终态温度相同),体系所进行的各种化学或物理的过程。在这种过程中,体系和环境间可能有热和功的交换。

【等压过程】在恒定压力下(指体系的始态压力与终态压力相同,并等于环境的压力),体系所进行的各种化学或物理的过程。在这种过程中,体系和环境可能有热量和功的交换。

【等容过程】在保持体积不变的情况下,体系所进行的各种化学或物理的过程。在这种过程中,体系和环境间可能有热量的交换。

【绝热过程】在体系跟环境间没有热量交换的情况下,体系所进行的各种化学或物理过程。例如在有良好的绝热壁的容器内发生的化学反应,可认为是个绝热过程。另外,某些过程进行极迅速,来不及和环境进行热交换,如气体向真空膨胀,也可视为绝热过程。

途径:完成一个热力学过程,可以采取不同的方式。我们把每种具体的方式,称为一种途径。

过程着重于始态和终态,而途径着重于具体方式。

1.1.4　热和功

当体系和环境之间存在着温度差时,两者之间就会发生能量的交换,热会自动地从高温的一方向低温的一方传递,直到温度相等建立起热平衡为止。

除了热以外,我们把其他各种被传递的能量都称为功,如由于体系体积变化反抗外力作用而对环境做的体积功,还有表面功、电功等。"功"用符号 W 表示,本章只考虑体积功。热力学上规定:体系对环境做功,W 为负值;环境对体系做功,W 为正值。

热和功是能量传递的两种形式,它们与变化的途径有关。当体系变化的始、终态确定后,Q 和 W 随着途径不同而不同,只有指明途径才能计算过程的热和功,所以热和功都不是状态函数。

1.1.5　热力学能

体系内部所有能量之和,包括分子原子的动能、势能、核能、电子的动能,以及一些尚未研究的能量,热力学上用符号 U 表示。虽然体系的内能尚不能求得,但是体系的状态一定时,内能是一个固定值,因此,U 是体系的状态函数。当体系从一种状态变化到另一种状态时,热力学能的增量 ΔU 只与体系的始态与终态有关而与变化的途径无关。根据能量与转化定律,体系热力学能的变化可以由体系与环境之间交换的热和功的数值来确定。

1.2   热力学三定律

1.2.1   热力学第一定律

热力学第一定律即能量守恒和转换定律,可以这样表述:①不供给能量而可连续不断产生能量的机器叫第一类永动机,第一类永动机是不可能存在的;②在体系状态变化过程中,它的内能改变等于在这个过程中所做的功和所传递的热量的总和。热力学第一定律的数学表达式为:$\Delta U = Q + W$。

1.2.2   热力学第二定律

热力学第二定律是热力学的基本定律之一,有多种表述方式:①热量总是从高温物体(体系)传到低温物体,不能自发地进行相反的传递;②功可以全部转化为热,但任何热机不能全部地、连续地把所获得的热量转变为功;③在任何自发过程中,体系和环境的总熵值是增加的。热力学第二定律所要解决的中心问题是自发过程的方向和限度。

1.2.3   热力学第三定律

当体系的热力学温度趋于绝对零度时,混乱度为最小,此时体系的熵值也趋于零。也可以说,在绝对零度时,任何纯物质的完美晶体的熵值都等于零。有了热力学第三定律,纯物质的绝对熵值可以求算。

1.3   化学反应热

1.3.1   热效应

体系在一定温度下(等温过程)发生物理或化学变化时(在变化过程中只做膨胀功而

不做其他功),所放出或吸收的热量。化学反应中的热效应又称反应热。

定容(反应)热:若系统在变化过程中保持体积恒定,此时的反应热称为定容热,用符号 Q_V 表示。当只做体积功的化学反应在密封的容器中进行时,反应体系的体积不变,即体积变化量为零,所以体积功也为零,依照热力学第一定律,此时体系的热力学能 ΔU 变化:$\Delta U = Q + W = Q_V - p\Delta V = Q_V$。定容热可以用特定的仪器"弹式量热计"测定。

定压(反应)热:大多数的化学反应都是在定压条件下进行的,例如在化学反应实验中,许多化学反应都是在敞口容器中进行的,反应是在与大气接触的情况下发生的。因此,体系的最终压力必等于大气压力。由于大气压力变化比较微小,在一段时间内可以看作不变,所以反应可以看作是在定压下进行。定压热用符号 Q_p 表示。只做体积功,在定压条件下进行的反应,$Q_p = \Delta H$。

【生成热】在热力学标准态下,由稳定单质生成 1 mol 化合物时的反应热,叫标准生成热,简称生成热。根据热力学规定,在所有温度下稳定单质的生成热为零,这样化合物的生成热就可通过实验测定。利用物质的生成热计算化学反应的热效应公式为

$$\Delta_r H_m^\ominus = \sum_B \upsilon_B \Delta_f H_m^\ominus(B)$$

【燃烧热】指 1 mol 纯物质完全燃烧,生成稳定的氧化物时的反应热。利用物质的燃烧热计算化学反应的热效应公式为

$$\Delta_r H_m^\ominus = -\sum_B \upsilon_B \Delta_c H_m^\ominus(B)$$

1.3.2 盖斯定律

盖斯在大量实验的基础上提出:"在等容或等压条件下,一个化学反应不管是一步完成还是分几步完成,其热效应总是相同的。"也就是说,在等容或等压条件下,反应热只与反应的始态和终态有关,而与反应的途径无关。盖斯定律的提出奠定了热化学的基础,它的重要意义在于可根据已经准确测定的反应热来计算难于测量的反应热。

1.4 化学反应的方向

1.4.1 熵

熵是体系内部质点混乱程度(或无序度)的量度,状态函数,常用 S 表示。当体系内质点的聚集状态发生改变时,其熵值就会改变,体系终态熵值与体系始态熵值之差为体

系的熵变,用 ΔS 表示。化学反应的熵变等于生成物的熵值与反应物的熵值之差。

标准摩尔熵:1 mol 纯物质在标准状态下的熵值。以 $S_m^{\ominus}$ 表示,单位是 $J \cdot K^{-1} \cdot mol^{-1}$。

1.4.2　吉布斯自由能

常用符号 G 表示,$G=H-TS$,是体系的状态函数。体系的自由能改变 ΔG 为体系终态的自由能与始态的自由能之差。

1.4.3　标准摩尔生成自由能

标准摩尔生成自由能,一般是指标准摩尔生成吉布斯自由能,意为在规定温度(T)和标准压力 $p^{\ominus}$ 下,由稳定态单质生成 1 mol 化合物或不稳定单质和其他形式的物质的自由能。用 $\Delta_f G^{\ominus}$ 表示。

1.4.4　化学反应的标准摩尔自由能改变量 $\Delta_r G_m^{\ominus}$ 的计算方法

(1)用 $\Delta_f G_m^{\ominus}$ 计算:$\Delta_r G_m^{\ominus}$ 等于产物的 $v(B)\Delta_f G_m^{\ominus}$ 减去反应物的 $v(B)\Delta_f G_m^{\ominus}$

(2)用吉布斯–赫姆霍兹方程计算

$$\Delta_r G_m^{\ominus} = \Delta_r H_m^{\ominus} - T\,\Delta_r S_m^{\ominus}$$

1.4.5　过程能否自发进行的普遍判据

在等温等压条件下,判断反应能否自发进行:

$\Delta G<0$,反应发生时会放出自由能,可被用来对环境做有用功,这个反应能自发进行。

$\Delta G=0$,反应体系处于平衡状态。

$\Delta G>0$,必须由环境提供有用功反应才能发生,反应是非自发进行。

1.4.6　用 $\Delta_r S_m^{\ominus}$ 与 $\Delta_r H_m^{\ominus}$ 判断过程的方向

$\Delta_r S_m^{\ominus}>0$,$\Delta_r H_m^{\ominus}<0$ 任何温度下均可自发。

$\Delta_r S_m^{\ominus}<0$,$\Delta_r H_m^{\ominus}>0$ 任何温度下均不可自发。

$\Delta_r S_m^{\ominus}>0$,$\Delta_r H_m^{\ominus}>0$ 高温下可自发。

$\Delta_r S_m^{\ominus}<0$,$\Delta_r H_m^{\ominus}<0$ 低温下可自发。

 **练习题**

1.1 基本概念

一、选择题

1. 以下的量由状态决定的是(　　)。

　　A. 热力学能 U 　　　　　　　　　B. 膨胀功 $p\Delta V$

　　C. 热 Q 　　　　　　　　　　　　D. 电功 W

2. 下列不属于状态函数的是(　　)。

　　A. W 　　　　　　　　　　　　　B. T

　　C. U 　　　　　　　　　　　　　D. P

3. 环境对体系做功 10 kJ,体系从环境吸收热量 20 kJ,则体系内能的变化是(　　)。

　　A. 30 kJ 　　　　　　　　　　　　B. 10 kJ

　　C. −30 kJ 　　　　　　　　　　　D. −10 kJ

4. 当系统从环境中得功时,W(　　)0;当系统对环境中做功时,W(　　)0。

　　A. >; = 　　　　　　　　　　　　B. >; <

　　C. <; > 　　　　　　　　　　　　D. <; =

5. 循环过程,所有状态函数的变量(　　)0。

　　A. > 　　　　　　　　　　　　　B. <

　　C. = 　　　　　　　　　　　　　D. 不确定

二、判断题

1. 系统是指被研究的对象。而环境是指系统以外与系统相关的其他部分。　(　　)

2. 系统和环境间有能量传递,但无物质传递的,是封闭系统。　　　　　　(　　)

3. 系统和环境间既无能量传递,又无物质传递的,是孤立系统。　　　　　(　　)

4. 状态函数变量既与系统的始态和终态有关,又与变化的途径有关。　　　(　　)

5. 系统的状态一定时,其各种状态函数的值不一定都确定。　　　　　　　(　　)

6. 热和功都不是状态函数,经由不同的途径完成同一过程,热和功的数值可能不同。

　　　　　　　　　　　　　　　　　　　　　　　　　　　　　　　　(　　)

7. 体系与环境之间既有物质交换,又有能量交换的,称为敞开体系。　　　(　　)

1.2　热化学

一、选择题

1. 298 K 时石墨的标准生成焓(　　)。

    A. 大于 0　　　　　　　　　　　B. 小于 0

    C. 等于 0　　　　　　　　　　　D. 无法确定其值

2. 反应 $Zn+2H^+ \longrightarrow Zn^{2+}+H_2\uparrow$ 与反应 $\frac{1}{2}Zn+H^+ \longrightarrow \frac{1}{2}Zn^{2+}+\frac{1}{2}H_2\uparrow$ (　　)。

    A. 两式的 $\Delta_r H_m$ 相同　　　　　　B. 前式 $\Delta_r H_m$ 是后式的 2 倍

    C. 反应式的写法和 $\Delta_r H_m$ 无关

3. 下列过程 $\Delta_r H_m<0$ 的是(　　)。

    A. 气体等温膨胀　　　　　　　　B. 水变成水蒸气

    C. 盐从饱和溶液中结晶出来

4. 在 25 ℃,1 个大气压下,$2H_2(g)+O_2(g) \Longrightarrow 2H_2O(l)$ 的 $\Delta_r H_m^{\ominus}=-572\ \text{kJ}\cdot\text{mol}^{-1}$,则 $H_2O(l)$ 的 $\Delta_f H_m^{\ominus}$ 是(　　)。

    A. 286 kJ·mol^{-1}　　　　　　　B. 572 kJ·mol^{-1}

    C. −286 kJ·mol^{-1}　　　　　　　D. −572 kJ·mol^{-1}

5. 若已知 HF(g) 的标准摩尔生成热 $\Delta_f H_m^{\ominus}=-565\ \text{kJ}\cdot\text{mol}^{-1}$,则反应 $H_2(g)+F_2(g) \Longrightarrow 2HF(g)$ 的 $\Delta_r H_m^{\ominus}$ 是(　　)。

    A. −565 kJ·mol^{-1}　　　　　　　B. 565 kJ·mol^{-1}

    C. −1130 kJ·mol^{-1}　　　　　　D. 1130 kJ·mol^{-1}

6. 已知 $CH_3COOH(l)$、$CO_2(g)$、$H_2O(l)$ 的标准生成热 $\Delta_f H_m^{\ominus}(\text{kJ}\cdot\text{mol}^{-1})$ 为 −484.5、−393.5、−285.8,则 $CH_3COOH(l)$ 的标准燃烧热 $\Delta_c H_m^{\ominus}m(\text{kJ}\cdot\text{mol}^{-1})$ 是(　　)。

    A. 874.1　　　　　　　　　　　B. −874.1

    C. −194.8　　　　　　　　　　　D. 194.8

7. 下列反应中,$\Delta_r H_m$ 即是生成物的 $\Delta_f H_m^{\ominus}$ 的是(　　)。

    A. $H_2(g)+\frac{1}{2}O_2(g) \Longrightarrow H_2O(l)$

    B. $CO(g)+\frac{1}{2}O_2(g) \Longrightarrow CO_2(l)$

    C. $C_2H_5OH(l)+3O_2(g) \Longrightarrow 2CO_2(g)+3H_2O(l)$

二、判断题

1. 因为焓是状态函数,而恒压反应焓变等于恒压反应热,故热也是状态函数。
( )

2. 碳酸钙的生成焓即为 $CaO(s) + CO_2(g) \Longrightarrow CaCO_3(s)$ 的反应焓。 ( )

3. 热化学规定:只做体积功的化学反应体系,当反应物的温度与产物的温度相同时,吸收或释放的热量称为化学反应热。 ( )

4. Hess 定律适用于任何状态函数。 ( )

5. 热力学中的标准状态指一定温度和标准压力。随温度变化,可有无数个标准状态。
( )

6. 热化学规定生成 1 mol 纯化合物时的反应热称为该化合物的标准摩尔生成焓。
( )

1.3 熵

一、选择题

1. 化学反应 $C(s) + CO_2(g) \Longrightarrow 2CO(g)$ 的熵变 $\Delta_r S_m^{\ominus}$ ( )。

A. 大于 0   B. 等于 0

C. 小于 0   D. 无法估计

2. 反应 $2H_2(g) + O_2(g) \longrightarrow 2H_2O(l)$,它是( )反应。

A. 熵增加的   B. 熵减少的

C. 熵有时增加有时减少的   D. 熵不变的

3. 下列过程 $\Delta_r S_m > 0$ 的是( )。

A. 固体表面所吸附气体的解吸

B. 水结成冰

C. $SnO_2(s) + 2H_2(g) \Longrightarrow Sn(s) + 2H_2O(l)$

D. 乙烯 (C_2H_2) 聚合成聚乙烯 $(C_2H_4)_n$

4. 1 mol 的纯液体在其正常沸点时完全汽化。该过程中增大的量是( )。

A. 蒸汽压   B. 汽化热

C. 熵   D. 自由焓

5. 下列不具有强度性质的物理量是( )。

A. 温度   B. 压强

C. 浓度   D. 熵

二、判断题

1. 单质的生成焓等于零,它的标准熵也等于零。 （ ）

2. 孤立体系中,体系与环境没有能量交换,体系总是自发地向熵增大的方向变化。

（ ）

3. 在绝对零度时,任何物质的完美晶体,熵值都等于零。 （ ）

4. 热力学能、焓、熵这几个状态函数的绝对值都是无法得到的。 （ ）

1.4 自由能

一、选择题

1. 下列反应均为放热反应,其中任何温度下都能自发进行的是（ ）。

    A. $2H_2(g) + O_2(g) \Longrightarrow 2H_2O(g)$

    B. $2CO(g) + O_2(g) \Longrightarrow 2CO_2(g)$

    C. $2C_4H_{10}(g) + 13O_2(g) \Longrightarrow 8CO_2(g) + 10H_2O(g)$

    D. $N_2(g) + 3H_2(g) \Longrightarrow 2NH_3(g)$

2. 在 25 ℃时,反应 $N_2(g) + 3H_2(g) \Longrightarrow 2NH_3(g)$ 的 $\Delta H < 0$, $\Delta G < 0$,该反应是（ ）。

    A. 任何温度下自发的   B. 任何温度下不自发

    C. 高温自发,低温不自发   D. 低温自发,高温不自发

3. 下列关于吉布斯自由能的说法错误的是（ ）。

    A. 在规定温度、标准压力下,稳定单质的生成自由能为零

    B. 体系的自由能与热力学能、焓一样,不可能知道其绝对值

    C. 所有体系发生变化,只要其 $\Delta G < 0$,则可判定为自发过程

    D. 吉布斯自由能具有能量的量纲,是一个状态函数

二、判断题

1. 在恒压下,凡是自发的过程一定是放热的。 （ ）

2. 在标准状态、恒温恒压条件下,体系自由能减少的过程都是自发进行的。 （ ）

3. 单质的 $\Delta_f H_m^{\ominus}$ 和 $\Delta_f G_m^{\ominus}$ 都为零。 （ ）

4. 常见的状态函数如焓、熵、自由能、热力学能、压力、密度等具有广度性质。 （ ）

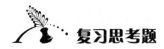 复习思考题

一、选择题

1. 绝热保温瓶内盛满热水,并将瓶塞塞紧,瓶内是(   )。

　　A. 单相孤立体系　　　　　　　　B. 多相孤立体系

　　C. 单相封闭体系　　　　　　　　D. 多相封闭体系

2. C(石墨)══C(金刚石)　　$\Delta_r H_m^{\ominus} = 1.9 \ \text{kJ} \cdot \text{mol}^{-1}$,$\Delta_r G_m^{\ominus} = 2.9 \ \text{kJ} \cdot \text{mol}^{-1}$,金刚石与石墨相比,无序性更高的是(   )。

　　A. 石墨　　　　　　　　　　　　B. 金刚石

　　C. 两者一样　　　　　　　　　　D. 无法知道

3. 某体系吸热 2.151 kJ,同时体系向环境做了 1.883 kJ 的功,此体系的热力学能改变为(   )

　　A. −0.268 kJ　　　　　　　　　B. +0.268 kJ

　　C. −4.034 kJ　　　　　　　　　D. +4.034 kJ

4. 热力学第一定律说明热力学内能变化由吸热和做功决定,此关系只适用于(   )。

　　A. 理想气体　　　　　　　　　　B. 封闭体系

　　C. 孤立体系　　　　　　　　　　D. 敞开体系

5. 已知反应 $FeO(s) + C(s) ══ CO(g) + Fe(s)$,该反应的 $\Delta_r H_m^{\ominus} > 0$,则下列说法正确的是(   )。

　　A. 低温下自发过程,高温下非自发过程　B. 高温下自发过程,低温下非自发过程

　　C. 任何温度下均为非自发过程　　　D. 任何温度下均为自发过程

6. 已知 298 K 时,$C_2H_4(g)$、$C_2H_6(g)$ 及 $H_2(g)$ 的标准摩尔燃烧热 $\Delta_r H_m$ 分别为 $-1411 \ \text{kJ} \cdot \text{mol}^{-1}$、$-1560 \ \text{kJ} \cdot \text{mol}^{-1}$ 及 $-285.8 \ \text{kJ} \cdot \text{mol}^{-1}$,则化学反应 $C_2H_4(g) + H_2(g) ══ C_2H_6(g)$ 的反应热 $\Delta_r H_m^{\ominus}$ 是(   )。

　　A. −136.8 kJ　　　　　　　　　B. 136.8 kJ

　　C. −3257 kJ　　　　　　　　　D. 3257 kJ

7. 反应 $2H_2(g) + O_2(g) ══ 2H_2O(g)$ 的 $\Delta_r H_m^{\ominus} = -485.8 \ \text{kJ}$,$\Delta_r G_m^{\ominus} = -457.2 \ \text{kJ}$,该反应在温度升高时 $\Delta_r G_m^{\ominus}$ 的代数值(   )。

　　A. 会变大　　　　　　　　　　　B. 会变小

C. 不变　　　　　　　　　　　　　D. 是否变还是由压力决定

8. $Zn(s)+\frac{1}{2}O_2(g)\Longrightarrow ZnO(s)$　$\Delta_rH_m=-84\ kJ\cdot mol^{-1}$；$Hg(1)+\frac{1}{2}O_2(g)\Longrightarrow HgO(s)$

$\Delta_rH_m=-22\ kJ\cdot mol^{-1}$，则反应 $Zn(s)+HgO(s)\Longrightarrow ZnO(s)+Hg(1)$ 的 Δ_rH_m 为（　　）。

　　A. $-106\ kJ$　　　　　　　　　　B. $106\ kJ$

　　C. $62\ kJ$　　　　　　　　　　　D. $-62\ kJ$

9. 如果体系经过一系列变化，最后又回到初始状态，则（　　）。

　　A. $Q\neq0$，$W\neq0$，$\Delta U=0$，$\Delta_rH_m=Q$

　　B. $Q=-W$，$\Delta U=Q+W$，$\Delta_rH_m=0$

　　C. $Q\neq W$，$\Delta U=Q-W$，$\Delta_rH_m=0$

10. 一种反应在任何温度下都能自发进行的条件是（　　）。

　　A. $\Delta_rH_m>0$，$\Delta_rS_m>0$　　　　B. $\Delta_rH_m<0$，$\Delta_rS_m<0$

　　C. $\Delta_rH_m>0$，$\Delta_rS_m<0$　　　　D. $\Delta_rH_m<0$，$\Delta_rS_m>0$

11. 盖斯定律所表明的规律（　　）。

　　A. 只适用于 Δ_rH_m　　　　　　B. 只适用于 Δ_rG_m、Δ_rH_m

　　C. 对于 Δ_rH_m、Δ_rG_m、Δ_rS_m 都适用

12. 以下的量由状态决定的是（　　）。

　　A. 热力学能 U　　　　　　　　　B. 膨胀功 $P\Delta V$

　　C. 热 Q　　　　　　　　　　　　D. 电功 W

13. 下列反应均为放热反应，其中任何温度下都能自发进行的是（　　）。

　　A. $2H_2(g)+O_2(g)\Longrightarrow 2H_2O(g)$

　　B. $2CO(g)+O_2(g)\Longrightarrow 2CO_2(g)$

　　C. $2C_4H_{10}(g)+13O_2(g)\Longrightarrow 8CO_2(g)+10H_2O(g)$

　　D. $N_2(g)+3H_2(g)\Longrightarrow 2NH_3(g)$

14. 下列反应中，反应的 $\Delta_rH_m^{\ominus}$ 即是生成物的 $\Delta_fH_m^{\ominus}$ 的是（　　）。

　　A. $H_2(g)+\frac{1}{2}O_2(g)\Longrightarrow H_2O(1)$

　　B. $CO(g)+\frac{1}{2}O_2(g)\Longrightarrow CO_2(1)$

　　C. $C_2H_5OH(1)+3O_2(g)\Longrightarrow 2CO_2(g)+3H_2O(1)$

15. 下列反应中，反应的摩尔反应热是反应物的摩尔燃烧焓的是（　　）。

　　A. $C(s)+\frac{1}{2}O_2(g)\Longrightarrow CO(g)$　　　B. $C_2H_5OH(1)+3O_2\Longrightarrow 2CO_2+3H_2O(1)$

C. $2C_{(石墨)} + 3H_2(g) \stackrel{}{=\!=\!=} C_2H_6(g)$ 　　　D. $Fe(s) + \dfrac{1}{2}O_2(g) \stackrel{}{=\!=\!=} FeO(s)$

16. 化学反应 $N_2(g) + 3H_2(g) \stackrel{}{=\!=\!=} 2NH_3(g)$，其 ΔU 与 $\Delta_r H_m$ 的关系是(　　)。

A. $\Delta_r H_m > \Delta U$ 　　　　　　　　B. $\Delta_r H_m < \Delta U$

C. $\Delta_r H_m = \Delta U$ 　　　　　　　　D. 不能确定

17. 下列反应中，$\Delta_r H_m = \Delta U$ 的是(　　)。

A. $CaCO_3(s) \stackrel{}{=\!=\!=} CaO(s) + CO_2(g)$ 　　　B. $N_2(g) + 3H_2(g) \stackrel{}{=\!=\!=} 2NH_3(g)$

C. $C(s) + O_2(g) \stackrel{}{=\!=\!=} CO_2(g)$ 　　　　D. $H_2(g) + \dfrac{1}{2}O_2 \stackrel{}{=\!=\!=} H_2O(g)$

18. 25 ℃有反应 $C_6H_6(l) + \dfrac{15}{2}O_2(g) \stackrel{}{=\!=\!=} 3H_2O(l) + 6CO_2(g)$，则等压反应热 ΔH 减去等容反应热 ΔU 的差约为(　　)。

A. -3.7 kJ 　　　　　　　　B. 1.2 kJ

C. -1.2 kJ 　　　　　　　　D. 3.7 kJ

19. 在 298 K 和 100 kPa 下，反应 $2C(s) + O_2(g) + 2H_2(g) \stackrel{}{=\!=\!=} CH_3COOH(l)$。等压热效应 Q_p 与等容热效应 Q_V 之差为(　　)。

A. $-3 \times 8.314 \times 298$ J 　　　　B. $-5 \times 8.314 \times 298$ J

C. $3 \times 8.314 \times 298$ J 　　　　D. $-2 \times 8.314 \times 298$ J

20. 反应 $CaO(s) + H_2O(l) \stackrel{}{=\!=\!=} Ca(OH)_2(s)$ 在 25 ℃是自发的，其逆反应在高温自发，这意味着逆反应是(　　)。

A. ΔH 为+，ΔS 为+ 　　　　B. ΔH 为+，ΔS 为-

C. ΔH 为-，ΔS 为- 　　　　D. ΔH 为-，ΔS 为+

21. 分别在等容及等压条件下进行反应 $CaO(s) + CO_2(g) \stackrel{}{=\!=\!=} CaCO_3(s)$，$\Delta H < 0$，该反应所放热量应是(　　)。

A. 等容热大于等压热 　　　　　　B. 等压热大于等容热

C. 等压、等容情况下放热相等 　　　D. 无法判断放热量大小

22. 当温度 T 时将纯 $NH_4HS(s)$ 置于抽空的容器中，则 $NH_4HS(s)$ 发生分解反应 $NH_4HS(s) \stackrel{}{=\!=\!=} NH_3(g) + H_2S(g)$，测得平衡时容器的总压为 p，则 K_p 为(　　)。

A. $\dfrac{1}{4}p^2$ 　　　　　　　　B. $\dfrac{1}{4}p$

C. p 　　　　　　　　　　D. $\dfrac{1}{2}p$

23. 将固体硝酸铵溶于水,溶液变冷,则该过程中,ΔG、ΔH、ΔS 的符号依次是(　　)。

　　A. +,−,−　　　　　　B. −,+,+　　　　　　C. +,+,−　　　　　　D. −,+,−

24. 下列反应中,$\Delta_r S_m^{\ominus}$ 最大的是(　　)。

　　A. $C(s)+O_2(g)\!=\!\!=\!\!=\!CO_2(g)$

　　B. $2SO_2(g)+O_2(g)\!=\!\!=\!\!=\!2SO_3(g)$

　　C. $CuSO_4(s)+5H_2O(l)\!=\!\!=\!\!=\!CuSO_4\cdot 5H_2O(s)$

　　D. $2NH_3(g)\!=\!\!=\!\!=\!3H_2(g)+N_2(g)$

25. 恒压、只做体积功和温度恒定为 T 时进行的化学反应,任何温度下能自发进行的条件为(　　)。

　　A. $\Delta H>0$,$(T\cdot\Delta S)<0$　　　　　　B. $\Delta H<0$,$(T\cdot\Delta S)<0$

　　C. $\Delta H<0$,$|\Delta H|>|T\cdot\Delta S|$　　　　D. $\Delta H>0$,$|\Delta H|<|T\cdot\Delta S|$

26. 反应 $CaCO_3(s)\!=\!\!=\!\!=\!CaO(s)+CO_2(g)$,在高温时正反应自发进行,其逆反应在 198 K 时为自发的,则逆反应的 $\Delta_r S_m^{\ominus}$ 与 $\Delta_r H_m^{\ominus}$ 是(　　)。

　　A. $\Delta_r H_m^{\ominus}>0$ 和 $\Delta_r S_m^{\ominus}>0$　　　　　B. $\Delta_r H_m^{\ominus}<0$ 和 $\Delta_r S_m^{\ominus}>0$

　　C. $\Delta_r H_m^{\ominus}>0$ 和 $\Delta_r S_m^{\ominus}<0$　　　　　D. $\Delta_r H_m^{\ominus}<0$ 和 $\Delta_r S_m^{\ominus}<0$

27. 下列反应在常温下均为非自发反应,在高温下仍为非自发的是(　　)。

　　A. $Ag_2O(s)\!=\!\!=\!\!=\!2Ag(s)+\dfrac{1}{2}O_2(g)$

　　B. $Fe_2O_3(s)+\dfrac{3}{2}C(s)\!=\!\!=\!\!=\!2Fe(s)+\dfrac{3}{2}CO_2(g)$

　　C. $N_2O_4(g)\!=\!\!=\!\!=\!2NO_2(g)$

　　D. $6C(s)+6H_2O(g)\!=\!\!=\!\!=\!C_6H_{12}O_6(s)$

28. 环境对体系做功 10 kJ,体系从环境吸收热量 20 kJ,则体系的内能的变化是(　　)。

　　A. 30 kJ　　　　　　　　　　　B. 10 kJ

　　C. −30 kJ　　　　　　　　　　D. −10 kJ

29. 下列物理量均属于状态函数的是(　　)。

　　A. T、P、U　　　　　　　　B. H、G、W

　　C. U、S、Q　　　　　　　　D. G、S、W

30. 下列物质中,$\Delta_f H_m^{\ominus}$ 不等于零的是(　　)。

　　A. $Fe(s)$　　　　　　　　　　B. $C(石墨)$

　　C. $Ne(g)$　　　　　　　　　　D. $Cl_2(l)$

31. 已知 $C(石墨) + O_2(g) \Longrightarrow CO_2(g)$ $\Delta_r H_m^{\ominus} = -393.7 \ kJ \cdot mol^{-1}$；$C(金刚石) + O_2(g) \Longrightarrow CO_2(g)$ $\Delta_r H_m^{\ominus} = -395.6 \ kJ \cdot mol^{-1}$，则 $\Delta_f H_m^{\ominus}(C, 金刚石)$ 为(   )。

   A. $-789.5 \ kJ \cdot mol^{-1}$ B. $1.9 \ kJ \cdot mol^{-1}$

   C. $-1.9 \ kJ \cdot mol^{-1}$ D. $789.5 \ kJ \cdot mol^{-1}$

32. 已知在 298 K 时反应 $2N_2(g) + O_2(g) \Longrightarrow 2N_2O(g)$ 的 $\Delta_r U_m^{\ominus}$ 为 $166.5 \ kJ \cdot mol^{-1}$，则该反应的 $\Delta_r H_m^{\ominus}$ 为(   )。

   A. $164 \ kJ \cdot mol^{-1}$ B. $328 \ kJ \cdot mol^{-1}$

   C. $146 \ kJ \cdot mol^{-1}$ D. $82 \ kJ \cdot mol^{-1}$

33. 已知 $MnO_2(s) \Longrightarrow MnO(s) + \frac{1}{2}O_2(g)$ $\Delta_r H_m^{\ominus} = 134.8 \ kJ \cdot mol^{-1}$；$MnO_2(s) + Mn(s) \Longrightarrow 2MnO(s)$ $\Delta_r H_m^{\ominus} = -250.1 \ kJ \cdot mol^{-1}$，则 MnO_2 的标准生成热 $\Delta_f H_m^{\ominus}$ 为(   )。

   A. $519.7 \ kJ \cdot mol^{-1}$ B. $-317.5 \ kJ \cdot mol^{-1}$

   C. $-519.7 \ kJ \cdot mol^{-1}$ D. $317.5 \ kJ \cdot mol^{-1}$

34. 下列反应中，$\Delta_r H_m^{\ominus}$ 与产物的 $\Delta_f H_m^{\ominus}$ 相同的是(   )。

   A. $2H_2(g) + O_2(g) \Longrightarrow 2H_2O(l)$ B. $NO(g) + \frac{1}{2}O_2(g) \Longrightarrow NO_2(g)$

   C. $C(金刚石) \Longrightarrow C(石墨)$ D. $H_2(g) + \frac{1}{2}O_2(g) \Longrightarrow H_2O(g)$

35. 下列反应中，$\Delta_r G_m^{\ominus}$ 等于产物 $\Delta_f G_m^{\ominus}$ 的是(   )。

   A. $Ag^+(aq) + Br^-(aq) \Longrightarrow AgBr(s)$ B. $2Ag(s) + Br_2(l) \Longrightarrow 2AgBr(s)$

   C. $Ag(s) + \frac{1}{2}Br_2(l) \Longrightarrow AgBr(s)$ D. $Ag(s) + \frac{1}{2}Br_2(g) \Longrightarrow AgBr(s)$

36. 下列不具有强度性质的物理量是(   )。

   A. 温度   B. 压强

   C. 浓度   D. 熵

37. 下列关于熵的说法中，错误的是(   )。

   A. 体系熵值的大小与物质的聚集态有关，通常同一物质液态时的熵大于固态时的

   B. 体系的熵的绝对值是可以知道的

   C. "孤立体系的熵永不减少"是热力学第二定律的一种表述

   D. 在绝对零度时，任何纯物质的晶体，熵值都等于零

二、判断题

1. 单质的生成焓等于零，它的标准熵也等于零。   (   )

2. 体系与环境之间既有物质交换,又有能量交换的称为敞开体系。　　　(　　)

3. 常见的状态函数如焓、熵、自由能、热力学能、压力、密度等具有广度性质。(　　)

4. 热力学中的标准状态指一定温度和标准压力。随温度变化,可有无数个标准状态,但通常指定为 298.15 K。　　　(　　)

5. 孤立体系中,体系与环境没有能量交换,体系总是自发地向熵增大的方向变化。

　　　(　　)

6. 在绝对零度时,任何纯物质的完美晶体,熵值都等于零。　　　(　　)

7. 热力学能、焓、熵这几个状态函数的绝对值都是无法得到的。　　　(　　)

8. 体系发生变化,可以用自由能的改变量来判断过程的自发性,如 $\Delta G > 0$ 即为非自发过程。　　　(　　)

9. 反应 $2N_2(g) + O_2(g) = 2N_2O(g)$ 的 $\Delta_r H_m^{\ominus}(1) = 163$ kJ·mol^{-1},可以判断出其反应在任何温度下都不能自发进行。　　　(　　)

10. 已知反应 $HgO(s) = Hg(l) + \frac{1}{2}O_2(g)$ 的 $\Delta_r H_m^{\ominus}(1) = 91$ kJ·mol^{-1},可以判断出其反应在高温下不能自发进行,而在较低温度下可自发进行。　　　(　　)

11. 已知反应 $H_2O_2(l) = H_2O(l) + \frac{1}{2}O_2(g)$ 的 $\Delta_r H_m^{\ominus}(1) = -98$ kJ·mol^{-1},则在任何温度时 $\Delta_r G_m^{\ominus} < 0$,即在任何温度下反应均能自发进行。　　　(　　)

12. 热和功都不是状态函数,经由不同的途径完成同一过程,热和功的数值可能不同。

　　　(　　)

三、计算题

1. 计算 298 K 时的反应 $CaCO_3(s) = CaO(s) + CO_2(g)$ 的 $\Delta_r G_m^{\ominus}$,并估算该反应自发进行的最低温度。

已知:298 K 时,

	$CaCO_3(s)$	$CaO(s)$	$CO_2(g)$
$\Delta_f H_m^{\ominus}/(\text{kJ·mol}^{-1})$	−1206.92	−635.09	−393.52
$S_m^{\ominus}/(\text{J·mol}^{-1}\cdot\text{K}^{-1})$	92.88	39.75	213.64

2. 对于合成氨反应 $\frac{1}{2}N_2(g)+\frac{3}{2}H_2(g)\Longrightarrow NH_3(g)$ 在 298 K 时的平衡常数为 $K_{298}^{\ominus}=$ 1.93×10^3，反应的热效应 $\Delta_r H_m^{\ominus}=-53.0$ kJ·mol^{-1}，计算该反应在 773 K 时的平衡常数 $K_{773}^{\ominus}$，并判断升高温度是否有利于提高产率。

3. 在 673 K 时合成甲醇反应 $CO(g)+2H_2(g)\Longrightarrow CH_3OH(g)$ 的 $\Delta_r G_m^{\ominus}=61.33$ kJ·mol^{-1}，计算在此温度下反应的热力学平衡常数 $K^{\ominus}$。

4. 已知反应 $Cu_2O(s)+\frac{1}{2}O_2(g)\Longrightarrow 2CuO(s)$ 的 $\Delta_r G_m^{\ominus}(400\ K)=-95.4$ kJ·mol^{-1}，$\Delta_r G_m^{\ominus}(300\ K)=-107.9$ kJ·mol^{-1}。求该反应在 298 K 时的 $\Delta_r H_m^{\ominus}$ 和 $\Delta_r S_m^{\ominus}$，500 K 时有何变化？

5. 对于反应 $2NO(g) + O_2(g) = 2NO_2(g)$，已知 $p(O_2) = 100$ kPa，$p(NO) = 1.01325$ kPa，$p(NO_2) = 0.101325$ kPa，通过计算说明 373 K 时反应能否自发进行?

已知: 298 K 时，

	$2NO(g)$	$O_2(g)$	$= 2NO_2(g)$
$\Delta_f H_m^{\ominus}/(kJ \cdot mol^{-1})$	90.25	0	35.98
$S_m^{\ominus}/(J \cdot mol^{-1} \cdot K^{-1})$	210.8	205.1	240.06

第 2 章　化学平衡

内容提要

　　化学平衡是指在宏观条件一定的可逆反应中,化学反应正逆反应速率相等,反应物和生成物各组分浓度不再改变的状态。根据勒夏特列原理,如一个已达平衡的系统被改变,该系统会随之改变来抗衡该改变。通过本章的学习,要求能熟知化学平衡被打破的原理及移动方向。

2.1　化学平衡

　　可逆反应进行到一定程度时,系统中反应物与生成物的浓度不再随时间而改变,反应似乎已"停止"。系统的这种表面上静止的状态叫作化学平衡状态(图 2-1)。

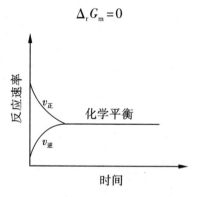

图 2-1　正逆反应速率变化示意图

　　化学平衡的特征:

　　(1)适宜条件下,可逆反应可达到平衡状态。

　　(2)化学平衡是动态平衡。

　　(3)$v_{正} = v_{逆}$。

(4)平衡组成与达到平衡的途径无关。

(5)化学平衡是有条件的平衡。

2.2　平衡常数与自由能变化的关系

2.2.1　浓度平衡常数 K

对于一般的可逆反应，$a\mathrm{A}(\mathrm{aq})+b\mathrm{B}(\mathrm{aq})\Longrightarrow e\mathrm{E}(\mathrm{aq})+f\mathrm{F}(\mathrm{aq})$ 在一定温度下达到平衡时，则有

$$K_c = \frac{c^e(\mathrm{E}) \cdot c^f(\mathrm{F})}{c^a(\mathrm{A}) \cdot c^b(\mathrm{B})}$$

K_c 称为该温度下反应的浓度平衡常数，式中各物的浓度都是平衡浓度(c)，单位均为 $\mathrm{mol} \cdot \mathrm{L}^{-1}$。

2.2.2　分压平衡常数 K_p

对于气体反应，还可以用平衡时各组分气体分压表示的压力平衡常数

$$K_p = \frac{p^e(\mathrm{E})p^f(\mathrm{F})}{p^a(\mathrm{A})p^b(\mathrm{B})}$$

式中：$p(\mathrm{A})$、$p(\mathrm{B})$、$p(\mathrm{E})$、$p(\mathrm{F})$ 分别为气体 A、B、E、F 的平衡分压(p)。

2.2.3　标准平衡常数 $K^{\ominus}$

$$K^{\ominus} = \frac{\left(\dfrac{p(\mathrm{E})}{p^{\ominus}}\right)^e \left(\dfrac{p(\mathrm{F})}{p^{\ominus}}\right)^f}{\left(\dfrac{p(\mathrm{A})}{p^{\ominus}}\right)^a \left(\dfrac{p(\mathrm{B})}{p^{\ominus}}\right)^b}$$

式中：$p(\mathrm{A})$、$p(\mathrm{B})$、$p(\mathrm{E})$、$p(\mathrm{F})$ 分别为气体 A、B、E、F 的平衡分压(p)，单位均为 kPa，$K^{\ominus}$ 是无量纲数群。

书写平衡常数 K 的关系式时应注意的事项：①从已配平的反应式出发；②纯固体或纯液体物质的浓度(严格说来是活度)为 1；③正反应的平衡常数 K 与逆反应的平衡常数 K' 互为倒数，即 $K = \dfrac{1}{K'}$；④分步进行的反应，总反应 K 为各分步平衡常数之乘积。

平衡常数 K 的大小是化学反应进行程度的标志。K 值越大，表示平衡时产物的浓度(或分压)越大，即正反应进行得越完全，K 值与浓度(或分压)无关，但与温度有关。

平衡常数与化学方程式的书写形式密切相关,同一化学反应,化学方程式书写形式不同,K 值也不同。

2.2.4 平衡常数与自由能变化的关系

恒温恒压下,对任意的气体反应 $a\mathrm{A(g)}+b\mathrm{B(g)}\Longrightarrow e\mathrm{E(g)}+f\mathrm{F(g)}$

则有

$$\Delta_r G_m = \Delta_r G_m^{\ominus} + RT\ln\frac{\left(\dfrac{p'(\mathrm{E})}{p^{\ominus}}\right)^e \cdot \left(\dfrac{p'(\mathrm{F})}{p^{\ominus}}\right)^f}{\left(\dfrac{p'(\mathrm{A})}{p^{\ominus}}\right)^a \cdot \left(\dfrac{p'(\mathrm{B})}{p^{\ominus}}\right)^b} = \Delta_r G_m^{\ominus} + RT\ln Q_p$$

式中:$p'(\mathrm{A})$、$p'(\mathrm{B})$、$p'(\mathrm{E})$、$p'(\mathrm{F})$ 分别是各组分气体处在任意状态下的分压,$\Delta_r G_m^{\ominus}$ 是反应的标准摩尔自由能变化,$\Delta_r G_m$ 是各组分气体分压为任意数值时反应摩尔自由能变化,Q_p 称为"分压商"。

当反应达到平衡时 $\qquad\qquad\qquad \Delta_r G_m = 0$

$$\Delta_r G_m^{\ominus} = -RT\ln K^{\ominus}$$

代入前式可得 $\qquad\qquad \Delta_r G_m = -RT\ln K^{\ominus} + RT\ln Q_p$

此式称为化学反应等温式,可以用来判断化学反应的方向和限度。

对溶液中反应,用 Q_c 表示浓度商。Q_p 与 Q_c 合称为反应商 Q。

当 $Q<K^{\ominus}$ 时,$\Delta_r G_m<0$,正反应能自发进行。

当 $Q=K^{\ominus}$ 时,$\Delta_r G_m=0$,反应达到平衡状态。

当 $Q>K^{\ominus}$ 时,$\Delta_r G_m>0$,逆反应能自发进行。

 练习题

2.1 化学平衡

一、选择题

1.在一定条件下,一个反应达到平衡的标志是(   )。

    A.各反应物和生成物的浓度相等

    B.各物质浓度不随时间改变而改变

    C.$\Delta_r G_m^{\ominus} = 0$

    D.正逆反应的速率常数相等

2. 某温度时,化学反应 $A+1/2B \rightleftharpoons 1/2A_2B$ 的平衡常数 $K=1\times10^4$,那么在相同温度下,反应 $A_2B \rightleftharpoons 2A+B$ 的平衡常数为(　　)。

A. 1×10^4 B. 1×10^8 C. 1×10^{-4} D. 1×10^{-8}

二、判断题

1. 可使任何反应达到平衡时增加产率的措施是加催化剂。　　　　　　　　(　　)

2. 一个已达平衡的化学反应,只有当不在平衡常数改变时,平衡才会移动。　(　　)

三、问答题

反应达到平衡时,宏观特征和微观特征有什么区别?

2.2　平衡常数与自由能变化的关系

一、选择题

已知某反应的 $\Delta_r G_m^{\ominus}>0$,则该反应的平衡常数(　　)。

A. $K^{\ominus}>0$ B. $K^{\ominus}<0$ C. $K^{\ominus}>1$ D. $K^{\ominus}<1$

二、判断题

1. 自由能是热力学中的一个状态函数,它是指一个反应在恒温恒压下所能做的最大有用功。　　　　　　　　　　　　　　　　　　　　　　　　　　　　(　　)

2. 由平衡常数 $K^{\ominus}$ 与 $\Delta_r G_m^{\ominus}$ 的关系可知,当 $K^{\ominus}>1$ 时,$\Delta_r G_m^{\ominus}>0$,反应可以自发进行。

(　　)

3. 一个反应吉布斯自由能的数值为负,若其绝对值越大,则该反应越负,其正反应自发进行的倾向越大,反应进行的越快。　　　　　　　　　　　　　　　(　　)

三、问答题

1. 固体化合物 $A(s)$ 放入抽空的容器中发生分解反应:$A(s) \rightleftharpoons Y(g)+Z(g)$。25 ℃时测得平衡压力为 66.7 kPa,假设 Y、Z 为理想气体,求反应的标准平衡常数。如果在该温度下容器中只有 Y 和 Z,Y 的压力为 13.3 kPa,为保证不生成固体,问 Z 的压力应如何控制?

2. 化学平衡是动态的平衡,是暂时的,相对的,有条件的。若反应条件发生改变,化学平衡必定被打破。试分析哪些因素可导致化学平衡的移动,并说明原因。

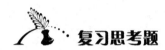 **复习思考题**

一、选择题

1. 能使任何反应达到平衡时,产物增加的措施是(　　)。

　　A. 升温　　　　　　　　　　B. 加压

　　C. 加催化剂　　　　　　　　D. 增大反应物起始浓度

2. 达到化学平衡的条件是(　　)。

　　A. 反应物与生成物的浓度相等　　　B. 正反应与逆反应停止进行

　　C. 逆反应停止进行　　　　　　　　D. 正反应和逆反应的速率相等

3. 下列反应在密闭容器中进行,$aA(g)+bB(g) \Longleftrightarrow mC(g)+nD(g)$,表示其已达到平衡状态的叙述中正确的是(　　)。

　　A. 物质 A 的浓度不再随时间的变化而改变

　　B. 物质 A 表示的反应速度与物质 C 表示的反应速度之比为 $\dfrac{a}{m}$

　　C. 平衡时的压强与反应起始的压强之比为 $\dfrac{m+n}{a+b}$

　　D. A、B、C、D 的分子数之比为 $a:b:c:d$

4. 一定温度下,可逆反应 $A_2(g)+3B_2(g) \Longleftrightarrow 2AB_3(g)$ 达到平衡的标志是(　　)。

　　A. 容器内 A_2、B_2、AB_3 的物质的量浓度之比为 1:1:1

　　B. 容器内每减少 3 mol B_2,同时生成 1 mol A_2

　　C. 容器内 A_2、B_2、AB_3 的物质的量之比为 1:3:2

　　D. 容器内每减少 3 mol B_2,同时生成 2 mol AB_3

5.在一定条件下,可逆反应 2A ══B+3C 在下列 4 种状态中,处于平衡状态的是(　　)。

A.正反应速度 $v_A=2\ mol\cdot(L\cdot min)^{-1}$,逆反应速度 $v_B=2\ mol\cdot(L\cdot min)^{-1}$

B.正反应速度 $v_A=2\ mol\cdot(L\cdot min)^{-1}$,逆反应速度 $v_C=2\ mol\cdot(L\cdot min)^{-1}$

C.正反应速度 $v_A=1\ mol\cdot(L\cdot min)^{-1}$,逆反应速度 $v_B=1.5\ mol\cdot(L\cdot min)^{-1}$

D.正反应速度 $v_A=1\ mol\cdot(L\cdot min)^{-1}$,逆反应速度 $v_C=1.5\ mol\cdot(L\cdot min)^{-1}$

6.图 2-2 为 $PCl_5(g)$══$PCl_3(g)+Cl_2(g)$(正反应为吸热反应)的平衡状态 Ⅰ 移动到状态 Ⅱ 的反应速率(v)与时间(t)的曲线,此图表示的变化是(　　)。

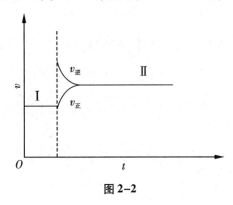

图 2-2

A.增加 PCl_5 的量　　　　　　B.降压

C.增加 Cl_2 的量　　　　　　D.降温

7.符合图 2-3 的反应为(　　)。

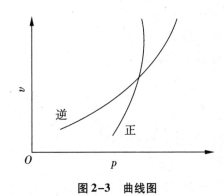

图 2-3　曲线图

A.$N_2O_3(g)$══$NO_2(g)+NO(g)$

B.$3NO_2(g)+H_2O(l)$══$2HNO_3(l)+NO(g)$

C.$4NH_3(g)+5O_2(g)$══$4NO(g)+6H_2O(g)$

D.$CO_2(g)+C(s)$══$2CO(g)$

8. 对平衡 $CO_2(g) \rightleftharpoons CO_2(aq)$ $\Delta H = -19.75 \text{ kJ} \cdot \text{mol}^{-1}$,为增大二氧化碳气体在水中的溶解度,应采用的方法是( )。

  A. 降温增压   B. 降温减压

  C. 升温减压   D. 升温增压

9. 有一处于平衡状态的可逆反应:$X(s) + 3Y(g) \rightleftharpoons 2Z(g)$(正反应为放热反应)。为了使平衡向生成 Z 的方向移动,应选择的条件是( )。

  ①高温 ②低温 ③高压 ④低压 ⑤加催化剂 ⑥分离出 Z

  A. ①③⑤   B. ②③⑤

  C. ②③⑥   D. ②④⑥

10. 当温度 T 时将纯 $NH_4HS(s)$ 置于抽空的容器中,则 $NH_4HS(s)$ 发生分解反应 $NH_4HS(s) \rightleftharpoons NH_3(g) + H_2S(g)$,测得平衡时的总分压为 p,则 $K^{\ominus}$ 为( )。

  A. $\dfrac{1}{4}\left(\dfrac{p}{p^{\ominus}}\right)$ B. $\dfrac{1}{4}\left(\dfrac{p}{p^{\ominus}}\right)^2$

  C. $\dfrac{p}{p^{\ominus}}$ D. $\dfrac{1}{2}\left(\dfrac{p}{p^{\ominus}}\right)$

11. 一定温度下,反应 $CaCO_3(s) \rightleftharpoons CaO(s) + CO_2(g)$ 处于平衡状态,如果欲使容器中 CaO 的物质的量增加,则应( )。

  A. 增加容器中 $CaCO_3$ 物质的量   B. 增加容器内的总压

  C. 减少容器中 CO_2 气体的分压   D. 减少容器中 $CaCO_3$ 物质的量

12. 化学平衡有下列特征( )。

  A. 反应物与生成物浓度相等

  B. 单位时间内每一种物质生成量和消耗量相等

  C. 化学反应速率为零

  D. 压力对化学平衡的影响很小

13. 下列关于反应熵的叙述,其中错误的是( )。

  A. 反应熵有时可以等于平衡常数

  B. 反应熵随反应的进行而变化

  C. 当反应熵大于平衡常数时,反应逆向移动

  D. 反应熵和平衡常数始终相等

14. 光气的分解反应 $COCl_2(g) \rightleftharpoons CO(g) + Cl_2(g)$ 是吸热过程。下列哪个因素将引起平衡常数 $K^{\ominus}$ 值增大( )。

  A. 降低温度   B. 升高温度

C. 加入 CO   D. 加入 $COCl_2$

15. 恒温时,将 NO、Cl_2 和 NOCl 三种气体的平衡混合物的压力突然减小,当系统重新达到平衡时,反应 $2NO(g)+Cl_2(g)\Longrightarrow 2NOCl(g)$ 的(   )。

A. NOCl 的浓度增大   B. Cl_2 物质的量增大

C. NO 物质的量减小   D. 平衡常数 $K^\ominus$ 减小

16. 在一定温度下反应 $SO_2Cl_2(g)\Longrightarrow SO_2(g)+Cl_2(g)$ 向逆方向进行,则此时 Q 与 $K^\ominus$ 的关系为(   )。

A. $Q>K^\ominus$ B. $Q=K^\ominus$

C. $Q<K^\ominus$ D. 无法判断

17. 在一定温度下,向抽空容器中加入等摩尔量的 NH_3 和 HCl 气体,$NH_3(g)+HCl(g)\Longrightarrow NH_4Cl(s)$ 达到平衡时,测得总压为 101.3 kPa,可计算出 $K^\ominus$ 为(   )。

A. 2   B. 4

C. 6   D. 8

18. 分几步完成的化学反应的总平衡常数是(   )。

A. 各步平衡常数之和   B. 各步平衡常数之差

C. 各步平衡常数之积   D. 各步平衡常数之平均值

19. 反应 $N_2(g)+3H_2(g)\Longrightarrow 2NH_3(g)$ $\Delta_r H_m^\ominus=-92$ kJ/mol,从热力学观点看要使 H_2 的转化率达到最大,反应条件应是(   )。

A. 低温高压   B. 高温高压

C. 低温低压   D. 高温低压

20. 下列反应达平衡时,$2CO(g)+O_2(g)\Longrightarrow 2CO_2(g)$,保持体积不变,加入惰性气体 He,使总压力增加 1 倍,则(   )。

A. 平衡不发生移动   B. 平衡向左移动

C. 平衡向右移动   D. 条件不充足,不能判断

21. 对于反应 $2SO_2(g)+O_2(g)\Longrightarrow 2SO_3(g)$ $\Delta_r H_m^\ominus=-569$ kJ·mol^{-1},提高 SO_2 理论转化率的措施是(   )。

A. 使用催化剂   B. 提高温度

C. 增加 O_2 浓度   D. 充惰性气体以提高总压力

22. 在一定温度下,反应 $PCl_3(g)+Cl_2(g)\Longrightarrow PCl_5(g)$ 达到平衡,当进行下列操作时,平衡不发生变化的是(   )。

A. 在恒压条件下,通入一定量的水   B. 在恒容条件下,通入一定量的水

C. 在恒压条件下,通入一定量的氮气   D. 在恒容条件下,通入一定量的氮气

23.一定温度下 $SO_2(g)+NO_2(g) \Longrightarrow SO_3(g)+NO(g)$ $K_c = 0.240$, $NO_2(g) \Longrightarrow$ $NO(g)+\frac{1}{2}O_2(g)$ $K_c = 0.012$, 则 $SO_3(g) \Longrightarrow SO_2(g)+\frac{1}{2}O_2(g)$ 的 K_c 为( )。

A. 0.226   B. 0.220

C. 0.526   D. 0.050

24.反应 $2COF_2(g) \Longrightarrow CO_2(g)+CF_4(g)$ 是吸热反应,平衡时 CO_2 为 8 mol,CF_4 为 5 mol,COF_2 为 3 mol,下列叙述中错误的是( )。

A. $K_p = K_c = \frac{40}{9}$ B. 温度升高平衡常数 K_p 减小

C. 平衡位置不受压力变化的影响   D. 反应的 $\Delta_r G_m$ 是负值

25.已知:$2H_2(g)+S_2(g) \Longrightarrow 2H_2S(g)$ K_{p1}

          $2Br_2(g)+2H_2S(g) \Longrightarrow 4HBr(g)+2S(g)$ K_{p2}

          $H_2(g)+Br_2(g) \Longrightarrow 2HBr(g)$ K_{p3}

则 K_{p3} 等于( )。

A. $(K_{p1} \cdot K_{p2})^{1/2}$ B. $(K_{p1}/K_{p2})^{1/2}$

C. $K_{p1} \cdot K_{p2}$ D. K_{p1}/K_{p2}

26.在一定温度下将 1.0 mol 的 SO_3 放入 1.00 dm^3 的反应器内,当反应 $2SO_3(g) \Longrightarrow 2SO_2(g)+O_2(g)$ 达到平衡时,容器内有 0.60 mol 的 SO_2,其平衡常数为( )。

A. 0.34   B. 0.45

C. 0.54   D. 0.68

27.某反应物在一定条件下平衡转化率为 40%,当加入催化剂时,若反应条件与之前相同,此时它的平衡转化率是( )。

A. 小于 40%   B. 大于 40%

C. 等于 40%   D. 无法确定

28.将 $H_2(g)$ 和 $Cl_2(g)$ 充入恒容密闭容器,恒温下发生反应 $H_2(g)+Cl_2(g) \Longrightarrow 2HCl(g)$ $H<0$,平衡时 $Cl_2(g)$ 的转化率为 a;若初始条件相同,绝热下进行上述反应,平衡时 $Cl_2(g)$ 的转化率为 b,则 a 与 b 的关系是( )。

A. $b>a$ B. $b=a$

C. $b<a$ D. 无法确定

29.将固体 NH_4Cl 置于密闭容器中,在一定温度下发生下列反应:①$NH_4Cl(s) \Longrightarrow NH_3(g)+HCl(g)$ ②$2HCl(g) \Longrightarrow H_2(g)+Cl_2(g)$ 达到平衡时,$c(H_2)=0.5$ mol·L^{-1},$c(HCl)=4$ mol·L^{-1},则此温度下反应①的平衡常数为( )。

A. 20   B. 9

C. 16   D. 25

30. 体积相同的甲、乙两个容器中,分别都充有等物质的量的 CO 和 O_2,在相同温度下发生反应 $2CO+O_2 \stackrel{\longleftarrow}{\longrightarrow} 2CO_2$,并达到平衡。在这过程中,甲容器保持体积不变,乙容器保持压强不变,若甲容器中 CO 的转化率为 $X\%$,则乙容器中 CO 的转化率(　　)。

A. 小于 $X\%$ B. 大于 $X\%$

C. 等于 $X\%$ D. 无法确定

31. 在相同温度下,有相同体积的甲、乙两容器,甲容器中充入 1 g N_2 和 1 g H_2,乙容器中充入 2 g N_2 和 2 g H_2。充分反应后,下列叙述中,错误的是(　　)。

A. 化学反应速率:甲<乙

B. 平衡后 N_2 的物质的量浓度:甲<乙

C. 平衡混合气体中 H_2 的体积分数:乙>甲

D. H_2 的转化率:乙>甲

32. 恒温恒压下,下列加入惰性气体哪个反应能增大其平衡转化率?(　　)

A. $2Br_2(g)+2H_2S(g) \stackrel{\longleftarrow}{\longrightarrow} 4HBr(g)+2S(g)$

B. $CO(g)+H_2O(g) \stackrel{\longleftarrow}{\longrightarrow} CO_2(g)+H_2(g)$

C. $2H_2(g)+2S(g) \stackrel{\longleftarrow}{\longrightarrow} 2H_2S(g)$

D. $CH_3COOH(l)+C_2H_5OH(l) \stackrel{\longleftarrow}{\longrightarrow} H_2O(l)+C_2H_5OOCCH_3(l)$

33. 某放热反应在 $T=800$ K,压力 p 下进行,达平衡后产物的百分含量是 50%,若反应在 $T=200$ K,压力 p 下进行,平衡时产物的百分含量将(　　)。

A. 增大   B. 减小

C. 不变   D. 无法确定

34. 在 298 K 时,气相反应 $H_2+I_2 \stackrel{\longleftarrow}{\longrightarrow} 2HI$ 的 $\Delta_r G_m^{\ominus}=-16778$ J·mol^{-1},则反应的平衡常数 $K_p^{\ominus}$ 为(　　)。

A. 8.73×10^4 B. 873

C. 8.73×10^6 D. 87.3

35. 已知 445 ℃时,$Ag_2O(s)$ 的分解压力为 20974 kPa,则此时分解反应 $Ag_2O(s) \stackrel{\longleftarrow}{\longrightarrow} 2Ag(s)+\frac{1}{2}O_2(g)$ 的 $\Delta_r G_m^{\ominus}=($　　$)$。

A. 31.83 kJ·mol^{-1} B. 15.92 kJ·mol^{-1}

C. −31.83 kJ·mol^{-1} D. −15.92 kJ·mol^{-1}

36. 下面的叙述中违背平衡移动原理的是(　　)。

A.降低温度平衡向放热方向移动

B.增加压力平衡向体积增大的方向移动

C.加入惰性气体平衡向总压力增大的方向移动

D.降低压力平衡向增加分子数的方向移动

37.在等温等压下,当反应的 $\Delta_r G_m^{\ominus} = 5\ kJ \cdot mol^{-1}$ 时,该反应能否进行?( )

A.能正向自发进行   B.不能判断

C.能逆向自发进行   D.不能进行

38.已知反应 $2NH_3 \Longrightarrow N_2 + 3H_2$,在等温条件下,标准平衡常数为 0.25,那么在此条件下,氨的合成反应:$\frac{1}{2}N_2 + \frac{3}{2}H_2 \Longrightarrow NH_3$ 的标准平衡常数为( )。

A.0.5   B.1

C.2   D.4

39.在一定温度和压力下,对于一个化学反应,能用以判断其反应方向的是( )

A.$\Delta_r G_m^{\ominus}$ B.$\Delta_r G_m$

C.K_p D.$\Delta_r H_m$

40.在一定温度下,反应 $aA + bB \Longrightarrow cC + dD$ 达到平衡,若此时在这个平衡体系中增加生成物的浓度,则反应商 Q 会如何变化?( )。

A.增大   B.减小   C.不变   D.无法确定

二、判断题

1.当可逆反应达到平衡时,各物质浓度保持一个定值。   ( )

2.对于吸热反应,升高温度,$K^{\ominus}$ 值增大。   ( )

3.平衡常数 K 的大小是化学反应进行程度的标志。   ( )

4.化学平衡时,单位时间每一种物质的生成量和消耗量相等。   ( )

5.化学反应的平衡常数 K 值越大,其反应速度越快。   ( )

6.任何可逆反应在一定温度下,不论参加反应的物质的起始浓度如何,反应达到平衡时,各物质的平衡浓度相同。   ( )

7.化学平衡是化学体系最稳定的状态。   ( )

8.化学平衡常数 K_c 等于各分步反应平衡常数 K_{c1},K_{c2},…之和。   ( )

9.已建立化学平衡的可逆反应,当改变条件使化学反应向正反应方向移动时,正反应速率一定大于逆反应速率。   ( )

10.在一定温度下,可逆反应 $A_2(g) + B_2(g) \Longrightarrow 2AB(g)$,单位时间内生成 n mol A_2 同时就有 $2n$ mol AB 生成,说明该反应达到了化学平衡状态。   ( )

第3章　物质结构基础

内容提要

　　了解核外电子运动特性:波粒二象性,量子化,统计性。理解波函数、概率密度等概念。理解四个量子数的概念取值和意义,能运用核外电子排布的三个原理,掌握核外电子的分布规律。掌握各种类型的化学键的基本理论与区别;了解分子结构与化合物性质之间的关系。

3.1　原子的结构

3.1.1　核外电子运动的特性

　　(1)电子的波粒二象性。电子衍射实验证实了法国著名物理学家德布罗意的假设,即高速运动的电子流具有波粒二象性。除光子、电子外,其他微观粒子如质子、中子等也具有波粒二象性。

　　(2)测不准原理。由于兼具有波动性,人们在任何瞬间都不能准确地同时测定电子的位置和动量;它也没有确定的运动轨道。因而,必须以微观粒子运动的量子力学理论研究和描述原子核外电子的运动状态。

3.1.2　核外电子的运动状态

　　(1)波函数与原子轨道。薛定谔提出了描述核外电子运动状态的数学方程,称为薛定谔方程。从理论上讲,通过解薛定谔方程可得出波函数,它又称为原子轨道函数(简称原子轨道),是描述核外电子运动状态的数学函数式。

　　对于电子的运动,只能用统计的方法给出概率的描述。我们不知道每一个电子运动的具体途径,但从统计的结果却可以知道某种运动状态的电子在哪一个空间出现的概率最大。电子在核外空间各处出现的概率大小称为概率密度。为了形象地表示电子在原子中的概率密度分布情况,常用密度不同的小黑点来表示,这种图形称为电子云。

电子在核外空间出现的概率密度和波函数 ψ 的平方成正比,也即表示为电子在原子核外空间某点附近微体积出现的概率。

(2)四个量子数。为了得到描述电子运动状态的合理解,必须对三个参数 n、l、m 按一定的规律取值。这三个函数分别称为主量子数、角量子数和磁量子数。还有一个描述电子自旋运动的量子数称为自旋量子数 m_s,四个量子数决定了一个电子在核外的运动状态。

主量子数(n):描述核外电子距离核的远近,电子离核由近到远分别用数值 $n=1,2,3,\cdots$ 有限的整数来表示,而且主量子数决定了原子轨道能级的高低,n 越大,电子的能级越大,能量越高。n 是决定电子能量的主要量子数。

角量子数(l):在同一电子层内,电子的能量也有所差别,运动状态也有所不同,即一个电子层还可分为若干个能量稍有差别、原子轨道形状不同的亚层。角量子数 l 就是用来描述原子轨道或电子云的形态的。l 的数值不同,原子轨道或电子云的形状就不同,l 可以取从 0 到 $n-1$ 的正整数。同一电子层中,随着 l 的增大,原子轨道能量也依次升高,即 $E_{ns}<E_{np}<E_{nd}<E_{nf}$,即在多电子原子中,角量子数与主量子数一起决定电子的能级。

磁量子数(m):原子轨道不仅有一定的形状,并且还具有不同的空间伸展方向。磁量子数 m 就是用来描述原子轨道在空间的伸展方向的。磁量子数的取值受角量子数的制约,它可取从 $+l$ 到 $-l$,包括 0 在内的整数值,l 确定后,m 可有 $2l+1$ 个值。n、l 和 m 的关系见表 3-1。

表 3-1　n、l 和 m 的关系

主量子数(n)	1	2		3			4			
电子层符号	K	L		M			N			
角量子数(l)	0	0	1	0	1	2	0	1	2	3
电子亚层符号	1s	2s	2p	3s	3p	3d	4s	4p	4d	4f
磁量子数(m)	0	0 ±1		0 ±1	0 ±1	0 ±1 ±2	0	0 ±1	0 ±1 ±2	0 ±1 ±2 ±3
亚层轨道数 ($2l+1$)	1	1	3	1	3	5	1	3	5	7
电子层轨道数 n^2	1	4		9			16			

综上所述,用 n、l、m 三个量子数即可决定一个特定原子轨道的大小、形状和伸展方向。

自旋量子数(m_s):电子除了绕核运动外,还存在自旋运动,用自旋量子数 m_s 描述,由于电子有两个相反的自旋运动,因此自旋量子数取值为 $+\dfrac{1}{2}$ 和 $-\dfrac{1}{2}$。

3.1.3　原子核外电子排布

(1)基态原子中电子的排布原理。

能量最低原理:基态原子核外的排布力求使整个原子的能量处于最低状态。

泡利不相容原理:在同一原子中不能有两个电子具有完全相同的四个量子数。

洪德规则:电子分布到能量简并的原子轨道时,优先以自旋相同的方式分别占据不同的轨道。

(2)多电子原子轨道的能级如图 3-1 所示。

同一原子中的同一电子层内,各亚层之间的能量次序为 $ns<np<nd<nf$;

同一原子中的不同电子层内,相同类型亚层之间的能量次序为 $1s<2s<3s<\cdots$;$2p<3p<4p\cdots$;

同一原子中第三层以上的电子层中,不同类型的亚层之间,在能级组中常出现能级交错现象,如:$4s<3d<4p$;$5s<4d<5p$;$6s<4f<5d<6p$。

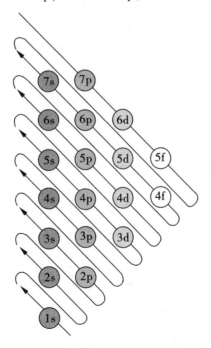

图 3-1　多电子原子轨道的能级顺序

3.1.4 元素周期表

(1)元素的分区。

周期:七个。

各周期元素数目=对应能级组中原子轨道的电子最大容量。

族:周期表中的各元素根据它们的价电子组态和相似的化学性质而划分为一个个纵列,包括主族与副族。

周期表中的元素除按周期和族的划分外,还可以根据元素原子的核外电子排布的特征,分为五个区。

s 区元素:最后一个电子填入 s 轨道的元素,包括ⅠA 族和ⅡA 族。

p 区元素:最后一个电子填入 p 轨道的元素,包括ⅢA 族到ⅧA 族。

d 区元素:最后一个电子填入 d 轨道且 d 轨道未满的元素,包括ⅢB 族到ⅧB 族。

ds 区元素:最后一个电子填入 d 轨道且 d 轨道填满的元素,包括ⅠB 族到ⅡB 族。

f 区元素:最后一个电子填入 f 轨道的元素,包括镧系和锕系元素。

(2)元素基本性质的周期性。

原子半径:一般从左到右逐渐减小;从上到下逐渐增大。

第一电离能:一般从左到右趋势是逐渐增大,但某些元素处于半充满或全充满电子结构时,其第一电离能会比左右相邻元素都高;从上到下趋势是逐渐减小。

电负性:一般从左到右逐渐增大;从上到下逐渐减小。某些副族元素有例外。

3.2 分子结构

3.2.1 离子键与离子化合物

离子键——当活泼金属原子和活泼非金属元素原子互相接近时,前者失去电子形成正离子,后者得到电子形成负离子。正、负离子通过静电相互作用结合成离子型化合物,离子键的本质是静电作用力。

生成离子键的条件:原子间电负性相差足够大,一般要大于 1.7 左右。

离子键的特征:没有方向性,没有饱和性。

离子化合物的熔点和沸点:离子的电荷越高、半径越小,静电作用力就越强,熔点和沸点就越高。

3.2.2 价键理论

(1)基本要点。成键原子的未成对电子自旋相反。

最大重叠原理:成键原子的原子轨道重叠程度(面积)越大,键越牢。

对称性匹配原理:原子轨道的重叠必须发生在角度分布图中正负号相同的轨道之间。

(2)共价键的本质。原子轨道发生重叠,两核间电子出现概率增大,降低了两核间的正电排斥,又增强了两核对电子云密度大的区域的吸引,系统能量降低,形成稳定的共价键。

(3)共价键的特征。

饱和性——电子配对后不再与第三个电子成键。

方向性——共价键具有方向性的原因是因为原子轨道(p,d,f)有一定的方向性,所以必须沿着特定的方向重叠,它和相邻原子的轨道重叠才能达到最大重叠。

(4)共价键的类型。

σ 键:原子轨道沿键轴方向"头碰头"式重叠;重叠程度大,较稳定。

π 键:原子轨道以"肩并肩"方式重叠;重叠程度小,较活泼。

共价单键为 σ 键;共价双键(及三键)中,有一个 σ 键,其余为 π 键。

3.2.3 杂化轨道理论

(1)基本要点。在形成多原子分子的过程中,中心原子的若干能量相近的原子轨道改变原来的状态,混合起来重新组合成一组新的轨道,这个过程叫作轨道的杂化,产生的新轨道叫作杂化轨道,数目与组成杂化轨道的各原子轨道数目相等。

杂化轨道比原来未杂化的轨道成键能力强,形成的化学键键能大,使生成的分子更稳定。

杂化轨道成键时,要满足化学键间斥力最小原则。

(2)杂化类型与空间构型。

sp 杂化:直线形,如 $BeCl_2$。

sp^2 杂化:平面三角形(等性杂化为平面正三角形),如 BCl_3。

sp^3 杂化:等性杂化为正四面体,如 CH_4、CCl_4。不等性杂化为三角锥形,如 NH_3;折线形,如 H_2O。

(3)价层电子对互斥理论。孤对电子间的排斥(孤–孤排斥)>孤对电子和成键电子对之间的排斥(孤-成排斥)>成键电子对之间的排斥(成-成排斥)。

3.2.4 分子间作用力与氢键

(1)分子间作用力。包括三种:取向力、诱导力、色散力。

极性分子与极性分子之间,取向力、诱导力、色散力都存在;极性分子与非极性分子之间,则存在诱导力和色散力;非极性分子与非极性分子之间,则只存在色散力。这三种类型力的比例大小取决于相互作用分子的极性和变形性。极性越大,取向力的作用越重要;变形性越大,色散力就越重要;诱导力则与这两种因素都有关。但对大多数分子来说,色散力是主要的。

(2)氢键。具有饱和性和方向性,可形成分子内氢键或分子间氢键。

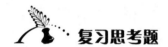 复习思考题

一、选择题

1.正确的一组量子数(n,l,m,m_s)是(   )。

    A.$2,0,-1,+\dfrac{1}{2}$ B.$2,1,2,-\dfrac{1}{2}$

    C.$2,-1,0,+\dfrac{1}{2}$ D.$2,1,-1,+\dfrac{1}{2}$

2.某元素原子基态的电子构型为$[Ar]3d^5 4s^2$,它在周期表中位于(   )。

    A.s 区 ⅡA   B.s 区 VA

    C.d 区 ⅡB   D.d 区 ⅦB

3.3d 电子的径向分布图有(   )。

    A.2 个峰   B.3 个峰

    C.1 个峰   D.4 个峰

4.下列离子中半径最小的是(   )。

    A.K^+ B.Sc^{3+}

    C.Ti^{3+} D.Ti^{4+}

5.下列原子中电离能最大的是(   )。

    A.Na   B.Li

    C.Be   D.B

6. 某元素的四级电离能分别是 $I_1 = 733$ kJ·mol^{-1}，$I_2 = 1451$ kJ·mol^{-1}，$I_3 = 7733$ kJ·mol^{-1}，$I_4 = 10540$ kJ·mol^{-1}，判断该元素常见的氧化数是(　　　)。

    A. +1　　　　　　　　　　　　B. +2

    C. +3　　　　　　　　　　　　D. +4

7. 概率密度 $|\psi|^2$ 表示(　　　)。

    A. 电子在核外的概率分布情况

    B. 电子在核外经常出现的区域

    C. 电子在核外某处单位体积空间中出现的概率

    D. 电子在核外某点出现的概率

8. 原子中主量子数 $n = 3$ 的原子轨道和电子数量最多为(　　　)。

    A. 3 种 6 个　　　　　　　　　B. 8 种 16 个

    C. 9 种 18 个　　　　　　　　D. 12 种 24 个

9. 已知某元素 +3 价离子的电子组态为 $1s^2\,2s^2\,2p^6\,3s^2\,3p^6\,4d^5$，该元素在周期表中的(　　　)族。

    A. VA　　　　　　　　　　　　B. VB

    C. VⅢ　　　　　　　　　　　　D. ⅢB

10. 在 CH≡CH 分子中，两碳之间的三重键是(　　　)。

    A. 三个 σ 键　　　　　　　　B. 三个 π 键

    C. 两个 σ 键，一个 π 键　　D. 一个 σ 键，两个 π 键

11. NH_3 溶于水后，分子间产生的作用力有(　　　)。

    A. 取向力和色散力　　　　　　B. 取向力和诱导力

    C. 诱导力和色散力　　　　　　D. 取向力、色散力、氢键

12. 下列四种晶体中，熔点最高的是(　　　)。

    A. NaCl　　　　　　　　　　　B. $CaCl_2$

    C. MgO　　　　　　　　　　　D. BF_3

13. 下列分子中，是极性分子的是(　　　)。

    A. BeF_2　　　　　　　　　　B. BF_3

    C. NF_3　　　　　　　　　　D. CF_4

14. sp^3 杂化轨道由(　　　)。

    A. 一条 s 轨道和 3 条 p 轨道杂化而成

    B. 1s 轨道和 3p 轨道杂化而成

    C. 一个 s 电子和 3 个 p 电子杂化而成

D. 一条 s 轨道和 3 条 2p 轨道杂化而成

15. 下列分子中键角最大的是(　　)。

 A. H_2S B. H_2O

 C. NH_3 D. CCl_4

16. 下列分子或离子中,不具孤电子对的是(　　)。

 A. OH^- B. H_2O

 C. NH_3 D. NH_4^+

17. 下列物质中沸点最高的是(　　)。

 A. NH_3 B. H_2O

 C. H_2S D. H_2Se

18. 下列物质只需克服色散力就能沸腾的是(　　)。

 A. HCl   B. C

 C. N_2 D. $MgCO_3$

19. 下列说法错误的是(　　)。

 A. BeH_2:sp 杂化,直线形分子

 B. BBr_3:不等性 sp^3 杂化,三角锥形分子

 C. SiH_4:sp^3 杂化,正四面体分子

 D. PH_3:不等性 sp^3 杂化,三角锥形分子

20. 下列各组量子数中错误的是(　　)。

 A. $n=3,l=2,m=0,s=+\dfrac{1}{2}$ B. $n=2,l=2,m=-1,s=-\dfrac{1}{2}$

 C. $n=4,l=1,m=0,s=-\dfrac{1}{2}$ D. $n=3,l=1,m=-1,s=+\dfrac{1}{2}$

21. 在一个多电子原子中,具有下列各套量子数的电子,能量最大的一组是(　　)。

 A. $2,1,+1,+\dfrac{1}{2}$ B. $3,1,0,-\dfrac{1}{2}$

 C. $3,2,+1,+\dfrac{1}{2}$ D. $3,1,-1,+\dfrac{1}{2}$

22. 下列元素中,各基态的第一电离势最大的是(　　)。

 A. Be   B. C

 C. B   D. N

23. 多电子原子中电子的能量取决于(　　)。

 A. 主量子数 n B. n 和副量子数 l

C. n,l 和磁量子数 m D. l 及自旋量子数 m_s

24.铁原子的电子构型是 $[Ar]4s^2 3d^6$,在轨道图中未配对的电子数是(　　)。

A.0   B.2

C.4   D.6

25.钻穿效应使屏蔽效应(　　)。

A.增强   B.减弱

C.无影响   D.增强了外层电子的屏蔽作用

26.H_2O 的沸点远高于 H_2Se 的沸点,是因为水分子间有(　　)。

A.范德华力   B.共价键

C.离子键   D.氢键

二、判断题

1.电子的衍射实验证明了电子具有波粒二象性。   (　　)

2.量子力学认为个别电子的运动轨道可以确定,其在原子核外的分布规律可以用概率描述。   (　　)

3.电子在核外出现概率最大的地方也是概率密度最大的地方。   (　　)

4.当 $n=3,l=1$ 时,m 可为 $m=0,\pm1,\pm2$。   (　　)

5.M^{2+} 离子的3d轨道上有3个电子,该元素位于周期表中第4周期,VB族,d区,中文名称是钒。   (　　)

6.电子云的角度分布图比原子轨道的角度分布图要瘦一些。   (　　)

7.氢原子只有一个电子,故氢原子只有一个轨道。   (　　)

8.主量子数为2时,有2s、2p两个轨道。   (　　)

9.因为p轨道的角度分布呈"8"字形,所以p电子运动的轨道为"8"字形。   (　　)

10.CH_4、NH_3 和 H_2O 都是利用 sp^3 杂化轨道成键。   (　　)

第 4 章 化学分析

内容提要

化学分析的任务之一是定量分析,为了获得准确的分析结果,必须了解误差的来源及减免方法,进行正确的记录及运算(有效数字及运算规则)。在滴定分析法中,重点掌握标准溶液的配制和标定,以及滴定分析结果的计算。

4.1 误差和偏差

4.1.1 误差

误差是指测定结果与真实结果之间的差值。用绝对误差(E)和相对误差(RE)表示。

$$E = X - X_T \qquad RE = \frac{E}{X_T}$$

误差可分为系统误差、随机误差和过失误差。

系统误差又称为可测误差,是指在一定的实验条件下,按某一确定的规律而起作用形成的。产生的主要原因有方法误差、仪器误差、试剂误差、主观误差等。系统误差的大小、正负在同一实验中是固定的。因此,重复测定是不能发现和减小系统误差的;只有在改变实验条件时才能发现它。减免系统误差的方法有选用标准方法、校正仪器、做空白试验或对照试验。其中对照试验是检查测定过程中有无系统误差的最有效的方法。

随机误差又称为不定误差,是由于在测定过程中一系列有关因素微小的随机波动而形成的具有相互抵偿性的误差。随机误差的大小及正负在同一实验中不是恒定的。在消除系统误差的前提下,采取适当增加测定次数,取其平均值的方法可减小随机误差。

误差大小可用来衡量测定结果的准确度。系统误差和随机误差决定了测定结果的准确度;随机误差决定了测定结果的精密度。高的精密度不一定能保证高的准确度,高的准确度一定有高的精密度。

过失误差是操作过程中的错误造成的,对这类有错误的测定结果应予删除。

4.1.2　偏差

偏差是指单次测定结果与测定平均值的差异。它代表测定结果之间的符合程度。偏差可用来衡量测定结果的精密度。偏差有以下几种表示方法。

(1)绝对偏差:$d_B = X_B - \overline{X}$

(2)相对偏差:$Rd_B = \dfrac{d_B}{\overline{X}}$

绝对偏差的正负决定了相对偏差的正负。

(3)平均偏差:$\overline{d} = \dfrac{1}{n}\sum\limits_{B=1}^{n}|d_B| = \dfrac{1}{n}\sum\limits_{B=1}^{n}|X_B - \overline{X}|$

(4)相对平均偏差:$R\overline{d} = \dfrac{\overline{d}}{\overline{X}}$

*(5)标准偏差:$s = \sqrt{\dfrac{\sum(X-\overline{X})^2}{n-1}}$

*(6)相对标准偏差:$CV = \dfrac{S}{\overline{X}}$

对测定次数较少(3~4次)的分析,通常用 $\overline{d}$ 和 $R\overline{d}$ 表示测定结果的精密度。

4.2　可疑值的取舍

可疑数据的取舍会影响结果的准确度。在计算之前必须对可疑值进行合理的取舍。通常采用 Q 检验法。

(1)求出 Q

$$Q = \frac{|X_{可疑} - X_{邻近值}|}{X_{max} - X_{min}} = \frac{|邻差|}{|极差|}$$

将数据由小到大排列 $X_1, X_2, X_3, \cdots, X_n$,可疑值是 X_1 或 X_n,邻差为 X_2-X_1 或 X_n-X_{n-1}。

(2)根据测定次数 n 和要求的置信度(如90%)查表得 $Q_{0.90}$。

(3)将 Q 与 $Q_{0.90}$ 相比,若 $Q>Q_{0.90}$,则弃去该可疑值,否则应予保留。

4.3 滴定分析法

4.3.1 标准溶液的浓度

（1）物质的量浓度

$$c(B) = \frac{n(B)}{V}, n(B) = \frac{m}{M(B)}$$

注意：$c(B)$、$n(B)$、$M(B)$一定要注明基本单元。基本单元不同，其值不同。如$c(H_2SO_4) = \frac{1}{2}c\left(\frac{1}{2}H_2SO_4\right), n(H_2SO_4) = \frac{1}{2}n\left(\frac{1}{2}H_2SO_4\right), M(H_2SO_4) = 2M\left(\frac{1}{2}H_2SO_4\right)$。

即　　　　$c(H_2SO_4) = 0.1 \text{ mol} \cdot \text{L}^{-1}$则$c\left(\frac{1}{2}H_2SO_4\right) = 0.2 \text{ mol} \cdot \text{L}^{-1}$

$$M(H_2SO_4) = 98 \text{ g} \cdot \text{mol}^{-1}则M\left(\frac{1}{2}H_2SO_4\right) = 49 \text{ g} \cdot \text{mol}^{-1}$$

（2）滴定度。指每毫升标准溶液可滴定的或相当于可滴定的被测物质的质量。用$T_{标准物/待测物}$或$T_{待测物/标准物}$表示。如$T_{KMnO_4/Fe} = 0.005682 \text{ g} \cdot \text{mol}^{-1}$时，表示每毫升$KMnO_4$溶液可把$0.005682 \text{ g} Fe^{2+}$氧化成$Fe^{3+}$。

滴定度的优点是，滴定时所消耗的标准溶液的体积乘以滴定度，即得被测物的质量。

有时滴定度也用来表示每毫升标准溶液含溶质的克数。

滴定度$T_{B/A}$与浓度c_B可换算（A为待测物）

对于反应：$aA + bB \overline{} gG + hH$（B为标准溶液）

则　　　$\dfrac{T_{B/A}}{M_A} = \dfrac{a}{b} \times c(B) \times 1 \text{ mL} \times 10^{-3}$

即　　$T_{\frac{B}{A}} = \dfrac{a}{b} \times c(B) \times M(A) \times 10^{-3}$

或　$c(B) = \dfrac{b}{a} \times \dfrac{T_{B/A}}{M_A} \times 10^3$

注意：$T_{B/A}$与$c(B)$的换算一定要结合反应，涉及计量系数a和b。

4.3.2 滴定分析结果的计算

对于滴定反应：$bB + tT \overline{} gG + hH$

式中：B为被测物，T为标准物质。

反应达到化学计量点时,根据计量关系可得

$$\Delta n(B):\Delta n(T)=b:t$$

故 B 的质量

$$m(B)=\Delta n(B)\cdot M(B)=\frac{b}{t}\Delta n(T)\cdot M(B)=\frac{b}{t}c(T)\cdot V(T)\cdot M(B)$$

故 B 的质量分数

$$\omega(B)=\frac{m(B)}{m}=\frac{\frac{b}{t}c(T)\cdot V(T)\cdot M(B)}{m}$$

若是用基准物 T 标定标液 B 的浓度,则

$$c(B)=\frac{\frac{b}{t}\cdot\frac{m(T)}{M(T)}}{V(B)}$$

 **练习题**

4.1　误差和偏差

一、选择题

1. 以下哪个因素会造成实验的偶然误差。（　　）

　　A. 共沉淀现象　　　　　　　　　　B. 环境温度波动

　　C. 蒸馏水不纯　　　　　　　　　　D. 操作不熟练

2. 对某样品进行多次平行测定,并求得其平均值,其中某个测定值与平均值之差为该次测定的(　　)。

　　A. 绝对误差　　　　　　　　　　　B. 相对误差

　　C. 绝对偏差　　　　　　　　　　　D. 相对偏差

二、判断题

1. 系统误差具有单向性、重现性,且可校正;偶然误差不可校正、无法避免。（　　）

2. 在实验过程中,只要能准确操作每一步,误差是可以完全消除的。　　　　（　　）

三、问答题

减少系统误差的方法有哪些,哪个方法最有效?

4.2 可疑值取舍

一、选择题

1. 用 Q 检验法剔除可疑数据时,当数据的(   )时要弃去。

    A. Q 计算 $\leqslant Q$ B. Q 计算 $\geqslant Q$

    C. Q 计算 $< Q$ D. Q 计算 $> Q$

2. 用误差为 ± 0.1 mg 的天平准确称量 0.3 g 左右试样,有效数字应取(   )。

    A. 1 位   B. 2 位

    C. 3 位   D. 4 位

二、判断题

1. 在分析实验过程中,知道某测量值是操作中的过失造成的,应立即将此数据弃去。

                                                          (   )

2. 可疑值的取舍,必须根据偶然误差分布规律来决定。   (   )

三、问答题

1. 请说明有效数字的运算规则。

2. 试说明有效数字的修约规则。

4.3　滴定分析法

一、选择题

1. 标准溶液指的是(　　)的溶液。

 A.已知准确浓度   B.已知准确体积

 C.已知准确质量   D.使用标准物质

2. 可用下述哪种方法来减少滴定过程中的偶然误差。(　　)

 A.进行对照实验   B.进行空白实验

 C.进行仪器校准   D.多次测量求平均值

3. 在利用滴定分析法测定时,出现下列的哪种情况会导致系统误差。(　　)

 A.滴定时有液溅出   B.砝码未经校正

 C.滴定管读数读错   D.试样未混匀

二、判断题

化学计量点和滴定终点是一回事。   (　　)

三、问答题

1. 滴定分析法包括哪几类?

2. 滴定分析方式有哪几种?

复习思考题

一、选择题

1. 下列说法正确的是（　　）。

　　A. 重复测定能够发现和减少系统误差

　　B. 对照试验是检查随机误差的最有效的方法

　　C. 随着测定次数增加,随机误差将会趋于零

　　D. 做空白试验,可消除试剂、蒸馏水等造成的误差

2. 下列情况不会引起系统误差的是（　　）。

　　A. 称量时使用的砝码锈蚀

　　B. 以失去部分结晶水的硼砂作为基准物质标定盐酸

　　C. 以含量约99%的 $Na_2C_2O_4$ 作基准物标定 $KMnO_4$ 溶液的浓度

　　D. 天平零点稍有变动

3. 下列说法错误的是（　　）。

　　A. 准确度高,精密度一定高

　　B. 精密度高,不一定能保证准确度高

　　C. 偶然误差小,准确度一定高

　　D. 准确度高,系统误差和偶然误差一定小

4. 定量分析工作中,对测定结果的误差的要求是（　　）。

　　A. 不能确定　　　　　　　　　　B. 误差等于零

　　C. 对误差没有要求　　　　　　　D. 误差应处于允许的范围内

5. 有一盐酸溶液,其浓度为 $0.1125\ mol\cdot L^{-1}$,现取此溶液 100.0 mL,配成浓度为 $0.1000\ mol\cdot L^{-1}$ HCl,需加蒸馏水（　　）。

　　A. 12.5 mL　　　　　　　　　　B. 112.5 mL

　　C. 100.0 mL　　　　　　　　　　D. 10.5 mL

6. 已知浓 H_2SO_4 密度为 $1.84\ g\cdot mL^{-1}$,其中 H_2SO_4 含量约为95%,求 $c(H_2SO_4)$ 的数学表达式为（　　）。

　　A. $\dfrac{1.84\times0.95\times1000}{98.07}$　　　　　　B. $\dfrac{1.84\times0.95}{98.07}$

　　C. $\dfrac{1.84\times0.95\times1000}{98.07\times(1000-1.84\times0.95\times1000)}$　　D. $\dfrac{1.84\times0.95}{98.07\times1000}$

7. 滴定分析中,通常借助于指示剂的颜色突变来判断化学计量点的到达,在指示剂变色时停止滴定,这一点称为(   )。

    A. 化学计量点   B. 滴定终点

    C. 滴定误差   D. 滴定

8. 下列关于基准物应具备条件的叙述,不正确的是(   )。

    A. 稳定   B. 具有较小的摩尔质量

    C. 纯度高,易溶解   D. 组成与化学式完全符合

9. 下列物质中能直接配制的标准溶液是(   )。

    A. H_2SO_4 B. $K_2Cr_2O_2$

    C. $KMnO_4$ D. KOH

10. 在分析过程中,通过(   )可以减少随机误差对分析结果的影响。

    A. 做空白试验   B. 增加平行测定次数

    C. 校正方法   D. 对照试验

11. 分析测定中出现的下列情况,属于随机误差的是(   )。

    A. 某学生读取滴定管读数时总是偏高或偏低

    B. 滴定时发现有少量溶液溅出

    C. 甲乙学生用同样的方法测定,但结果总不能一致

    D. 某学生几次读取同一滴定管的读数不能取得一致

12. 以下关于偏差的叙述正确的是(   )。

    A. 操作不符合要求所造成的误差

    B. 平均值与测量值之差

    C. 测量值与真实值之差

    D. 由于不恰当分析方法造成的误差

13. 有关提高分析准确度的方法,以下描述正确的是(   )。

    A. 做空白试验可以估算出试剂不纯带来的误差

    B. 增加平行测定次数,可以减小系统误差

    C. 回收试验可以判断分析过程是否存在随机误差

    D. 通过对仪器进行校准减免随机误差

14. 进行某种离子的鉴定时,怀疑所用试剂已变质,则进行(   )。

    A. 反复试验   B. 分离试验

    C. 空白试验   D. 对照试验

15. 某试样经三次平行测定,得 CaO 平均含量为 32.3%,若真实含量为 31.1%,则

32. $3\% - 31.1\% = 1.2\%$ 为(　　)。

  A. 相对偏差   B. 绝对偏差

  C. 相对误差   D. 绝对误差

16. 三次标定 NaOH 溶液浓度的结果为 $0.1085\ mol \cdot L^{-1}$、$0.1083\ mol \cdot L^{-1}$、$0.1087\ mol \cdot L^{-1}$，其相对平均偏差为(　　)。

  A. 0.02%   B. 0.01%

  C. 0.15%   D. 0.03%

17. 试样用量为 1~10 mL 的分析称为(　　)。

  A. 常量分析   B. 微量分析

  C. 半微量分析   D. 超微量分析

18. 为标定 HCl 溶液可以选择的基准物是(　　)。

  A. NaOH   B. Na_2CO_3

  C. Na_2SO_3 D. $Na_2S_2O_3$

19. 为标定 $Na_2S_2O_3$ 溶液的浓度可以选择的基准物是(　　)。

  A. 分析纯的 $AgNO_3$ B. 分析纯的 $K_2Cr_2O_3$

  C. 分析纯的 $K_2Cr_2O_7$ D. 分析纯的 H_2O_2

20. 用 HCl 标液测定硼砂($Na_2B_4O_7 \cdot 10H_2O$)试剂的纯度有时会出现含量超过 100% 的情况,其原因是(　　)。

  A. 试剂不纯   B. 试剂失水

  C. 试剂吸水   D. 试剂不稳,吸收杂质

21. 在滴定分析中所用标准溶液浓度不宜过大,其原因是(　　)。

  A. 造成终点与化学计量点差值大,终点误差大

  B. 过量半滴造成误差大

  C. 造成试样与标液的浪费

  D. 以上三者都有

22. 用碘量法测定矿石中铜的含量,已知含铜约50%,若以 $0.10\ mol \cdot L^{-1}\ Na_2S_2O_3$ 溶液滴定至终点,消耗约 25 mL,则应称取矿石的质量为(　　)[$Ar(Cu)=63.5$]。

  A. 0.32 g   B. 1.32 g

  C. 0.64 g   D. 0.98 g

23. 欲配制 As_2O_3 标准溶液以标定 $0.02\ mol \cdot L^{-1}\ KMnO_4$ 溶液,如要使标定时两种溶液消耗的体积大致相等,则 As_2O_3 溶液的浓度约为(　　)。

  A. $0.022\ mol \cdot L^{-1}$ B. $0.44\ mol \cdot L^{-1}$

C. 0.025 mol·L^{-1} D. 0.050 mol·L^{-1}

24. 一仅含 Fe 和 Fe_2O_3 的试样,今测得含铁总量为 79.85%。此试样中 Fe_2O_3 的质量分数为(　　)。

    A. 67.17%   B. 32.96%

    C. 33.96%   D. 68.09%

25. 以 HCl 为滴定剂测定试样中 K_2CO_3 含量,若其中含有少量 Na_2CO_3,测定结果将(　　)。

    A. 偏低   B. 偏高

    C. 无影响

26. 下列表述中,最能说明系统误差小的是(　　)。

    A. 标准差大

    B. 仔细校正所用砝码和容量仪器等

    C. 与已知的质量分数的试样多次分析结果的平均值一致

    D. 精密度高

27. 当对某一试样进行平行测定时,若分析结果的精密度很好,但准确度不好,可能的原因是(　　)。

    A. 操作过程中溶液严重减失   B. 试样不均匀

    C. 称样时某些记录有错误   D. 使用未校正过的容量仪器

28. 分析测定中偶然误差的特点是(　　)。

    A. 正负误差出现的概率不同

    B. 小误差出现的频率较高,大误差出现的频率较低

    C. 数值无规律可循

    D. 正误差出现的概率大于负误差出现的概率

29. 称取含氮试样 0.2 g,经消化转为 NH_4^+ 后加碱蒸馏出 NH_3,用 10 mL 0.05 mol·L^{-1} HCl 吸收,回滴时耗去 0.05 mol·L^{-1} NaOH 溶液 9.5 mL。若想提高测定准确度,可采取的有效方法是(　　)。

    A. 增加试样量   B. 使用更稀的 HCl 溶液

    C. 使用更稀的 NaOH 溶液   D. 增加 HCl 溶液体积

30. 用 NaOH 滴定 HAc 溶液,选甲基橙为指示剂滴定至 pH=4.4,这属于(　　)。

    A. 系统误差   B. 随机误差

    C. 过失误差   D. 方法误差

31. 定量分析工作要求测定结果的误差(　　)。

A. 等于零 　　　　　　　　　　B. 越小越好

C. 在允许的误差范围内 　　　　D. 接近零

32. 下列有关误差的论述中,正确的论述是(　　　)。

A. 精密度好误差一定较小 　　　B. 准确度可以衡量误差的大小

C. 随机误差具有单向性 　　　　D. 绝对误差就是误差的绝对值

33. 测定 $BaCl_2$ 试样中 Ba^{2+} 的质量分数,四次测定得到置信度90%时平均值的置信区间为(62.85±0.09)%,对此区间有下列四种理解,正确的是(　　　)。

A. 总体平均值落在此区间的概率为90%

B. 有90%的把握此区间包含总体平均值在内

C. 再做一次测定结果落入此区间的概率为90%

D. 有90%的测量值落入此区间

34. 一组测定结果的精密度很好,而准确度(　　　)。

A. 一定好 　　　　　　　　　　B. 一定不好

C. 不一定好 　　　　　　　　　D. 和精密度无关

35. $KMnO_4$ 滴定需在(　　　)介质中进行。

A. 磷酸 　　　　　　　　　　　B. 盐酸

C. 硝酸 　　　　　　　　　　　D. 硫酸

36. 在一定条件下,试样的测定值与真实值之间相符合的程度称为分析结果的(　　　)。

A. 误差 　　　　　　　　　　　B. 精密度

C. 准确度 　　　　　　　　　　D. 偏差

37. 为了提高分析结果的准确度,必须(　　　)。

A. 消除系统误差 　　　　　　　B. 增加测定次数

C. 多人重复操作 　　　　　　　D. 增加样品用量

38. 按任务分类的分析方法为(　　　)。

A. 无机分析与有机分析

B. 定性分析、定量分析和结构分析

C. 常量分析与微量分析

D. 重量分析与滴定分析

39. 下列情况中应采用返滴定法的是(　　　)。

A. 用 NaOH 标准溶液测定 CH_3COOH 试样含量

B. 用 $AgNO_3$ 标准溶液测定 NaCl 试样含量

  C. 用 $Na_2S_2O_3$ 标准溶液测定 $K_2Cr_2O_7$ 试样含量

  D. 用 EDTA 标准溶液测定 Al^{3+} 试样含量

40. 下列各项叙述中不是滴定分析对化学反应要求的是(　　)。

  A. 反应速度要快

  B. 反应必须完全

  C. 反应物的摩尔质量要大

  D. 反应必须有确定的化学计量关系

二、判断题

1. 根据分析的目的不同,分析方法可分为结构分析、定性分析和仪器分析。(　　)

2. 完成一项定量分析任务,一般要经过取样、试样制备、测定和数据处理这四个步骤。(　　)

3. 准确度是指一试样的多次平行测定值彼此相符合的程度。(　　)

4. 测量时环境温度、湿度及气压的微小波动等原因引起测量数据变动属于随机误差。(　　)

5. 增加平行测定次数可以减小偶然误差。(　　)

6. 精密度高,准确度一定高。(　　)

7. 纯度足够高,一般要求滴定的基准物质纯度为90.9%以上。(　　)

8. 在化学分析中,常见用于直接配制标准溶液的基准物质有邻苯二甲酸氢钾、草酸、硼砂、Na_2CO_3、$K_2Cr_2O_7$、KIO_3、$Na_2S_2O_3$、$KBrO_3$ 以及纯金属物质。(　　)

9. 滴定分析法的滴定方式有直接滴定法、返滴定法、置换滴定法和间接滴定法。(　　)

10. 精密度可用偏差来衡量,偏差越小,精密度越高;反之则精密度越低。(　　)

第 5 章　酸碱平衡与酸碱滴定

内容提要

　　本章基于酸碱质子理论,应用化学平衡原理,讨论酸碱平衡及其影响因素,计算酸碱平衡体系中 pH 值及有关组分的平衡浓度,讨论缓冲溶液的性质、相关计算、配制与应用。同时,讨论酸碱滴定法的基本原理、影响因素、相关计算及实际应用等。

5.1　酸碱质子理论

5.1.1　酸碱的定义

　　酸:凡能给出质子(H^+)的物质(分子或离子)。
　　碱:凡能接受质子(H^+)的物质(分子或离子)。

$$酸 = 碱 + H^+$$

　　这种对应关系称为共轭酸碱对,右边的碱是左边的酸的共轭碱,左边的酸又是右边碱的共轭酸。

　　(1)酸和碱可以是分子,也可以是阳离子或阴离子。

　　(2)有的物质在某个共轭酸碱对中是碱,而在另一共轭酸碱对中却是酸,如 HCO_3^- 等。

　　(3)质子理论中没有盐的概念,酸碱离解理论中的盐,在质子理论中都变成了离子酸和离子碱,如 NH_4Cl 中的 NH_4^+ 是酸,Cl^- 是碱。

5.1.2　共轭酸碱对中 $K_a^\ominus$ 与 $K_b^\ominus$ 的关系

$$H_3A \xrightleftharpoons[K_{b3}^\ominus]{K_{a1}^\ominus} H_2A^- \xrightleftharpoons[K_{b2}^\ominus]{K_{a2}^\ominus} HA^{2-} \xrightleftharpoons[K_{b1}^\ominus]{K_{a3}^\ominus} A^{3-}$$

有　$K_{a1}^{\ominus} \cdot K_{b3}^{\ominus} = K_{a2}^{\ominus} \cdot K_{b2}^{\ominus} = K_{a3}^{\ominus} \cdot K_{b1}^{\ominus} = K_{w}^{\ominus}$

可见,知道 $K_{a}^{\ominus}$ 就可以计算出其共轭碱的 $K_{b}^{\ominus}$;反之亦然。

水中存在 $H_2O \Longrightarrow H^+ + OH^-$。在一定温度下,当达到离解平衡时,水中 H^+ 的浓度与 OH^- 浓度的乘积是一个常数,即 $c(H^+) \cdot c(OH^-) = K_{w}^{\ominus}$,$K_{w}^{\ominus}$ 为水的离子积常数,简称水的离子积。

注:常温时,无论是中性、酸性还是碱性的水溶液里,H^+ 和 OH^- 浓度的乘积都等于 1.0×10^{-14},即 $c(H^+) = c(OH^-) = K_{w}^{\ominus} = 1.0 \times 10^{-14} \text{ mol} \cdot L^{-1}$

$$pK_{w}^{\ominus} = pH + pOH = 14.00$$

5.2　酸碱平衡的移动

5.2.1　稀释作用

（1）离解度:$\alpha = \dfrac{\text{已离解的分子数}}{\text{离解前分子总数}} \times 100\%$

$$\alpha = \sqrt{\dfrac{K^{\ominus}}{c}} \text{（式中 } K^{\ominus} \text{ 为 } K_{a}^{\ominus} \text{ 或 } K_{b}^{\ominus}\text{）}$$

（2）稀释定律:$K_{a}^{\ominus} = c\alpha^2$

5.2.2　同离子效应和盐效应

同离子效应是指在弱酸(碱)的溶液中,加入共轭碱(酸)后,使弱酸(碱)离解度降低的作用。盐效应是指在弱酸(碱)的溶液中,加入含有不同离子的强电解质,使弱酸(碱)离解度增大的作用。

一般情况下,盐效应比同离子效应弱得多,当它们共存时主要考虑同离子效应。

5.3　酸碱平衡中有关浓度的计算

5.3.1　质子条件式

根据酸碱质子理论,酸碱反应达到平衡时,酸失去的质子数与碱得到的质子数必然相等。其数学表达式称为质子等衡式或质子条件式,用 PBE 表示。

书写质子条件式首先要选择零水准。零水准应为溶液中大量存在并参与质子传递的物质。然后以得失质子的总数相等为原则,人们习惯将得质子物质的总浓度写在等号的左边,失质子物质的总浓度写在等号的右边,即得质子条件式。

5.3.2 溶液酸碱度的计算公式

(1)强酸(碱)。如果强酸或强碱溶液浓度小于10^{-6} mol·L^{-1},求溶液的酸度必须考虑水的质子传递作用所提供的 H^+ 或 OH^-。

(2)一元弱酸(碱)。一元弱酸(碱)溶液酸度的计算见表5-1。

表5-1 一元弱酸(碱)溶液酸度的计算

溶液	近似式	使用条件 (允许误差5%)	最简式	使用条件 (允许误差5%)
一元弱酸	$c(H^+) = \dfrac{-K_a^{\ominus} + \sqrt{(K_a^{\ominus})^2 + 4cK_a^{\ominus}}}{2}$	$\dfrac{c}{K_a^{\ominus}} < 500$	$c(H^+) = \sqrt{cK_a^{\ominus}}$	$\dfrac{c}{K_a^{\ominus}} \geqslant 500$
一元弱碱	$c(OH^-) = \dfrac{-K_b^{\ominus} + \sqrt{(K_b^{\ominus})^2 + 4cK_b^{\ominus}}}{2}$	$\dfrac{c}{K_b^{\ominus}} < 500$	$c(OH^-) = \sqrt{cK_b^{\ominus}}$	$\dfrac{c}{K_b^{\ominus}} \geqslant 500$

(3)多元弱酸(碱)。多元酸(碱)溶液近似为一元酸(碱)处理。二元弱酸的酸根阴离子的浓度在数值上近似地等于 $K_{a2}^{\ominus}$。

(4)两性物质。在溶液中既能失质子,又能得质子的物质如 $NaHCO_3$、NaH_2PO_4、Na_2HPO_4 等(以往称酸式盐)和 NH_4Ac(弱酸弱碱盐)都是两性物质。一般使用最简式。

$NaHA$、NaH_2A,其最简式为 $c(H^+) = \sqrt{K_{a1}^{\ominus} \cdot K_{a2}^{\ominus}}$

Na_2HA,其最简式为 $c(H^+) = \sqrt{K_{a2}^{\ominus} \cdot K_{a3}^{\ominus}}$

NH_4Ac,其最简式为 $c(H^+) = \sqrt{K_a^{\ominus} \cdot K_a^{\ominus'}} = \sqrt{K_a^{\ominus}(NH_4^+) \cdot K_a^{\ominus}(HAc)}$

5.4 缓冲溶液

缓冲溶液指能够抵抗外加少量强酸、强碱或适当稀释而保持溶液 pH 值基本不变的溶液。

以 HAc-NaAc 缓冲溶液为例

$$pH = pK_a^{\ominus} + \lg \frac{c(b)}{c(a)}$$

式中:$c(a)$ 为弱酸的浓度,$c(b)$ 为共轭碱的浓度。

5.5　酸碱指示剂

5.5.1　指示剂的作用原理

酸碱指示剂一般是弱的有机酸或有机碱,其酸式及其共轭碱式具有不同的颜色。当溶液的 pH 值改变时,指示剂失去质子或得到质子发生酸式或碱式型体变化时,由于结构上的变化,从而引起颜色的变化。

5.5.2　指示剂的变色范围和变色点

$$HIn \Longrightarrow H^+ + In^-$$

酸式色　　　　　碱式色

$$K^{\ominus}(HIn) = \frac{c(H^+) \cdot c(In^-)}{c(HIn)}$$

$$\frac{c(In^-)}{c(HIn)} = \frac{K^{\ominus}(HIn)}{c(H^+)}$$

(1)理论变色点:$pH = pK^{\ominus}(HIn)$

$$\frac{c(In^-)}{c(HIn)} \geqslant 10 \quad 呈碱式色$$

$$\frac{c(In^-)}{c(HIn)} \leqslant \frac{1}{10} \quad 呈酸式色$$

(2)理论变色范围:$pH = pK^{\ominus}(HIn) \pm 1$

实际的变色范围只有 1.6 ~1.8 个 pH 单位,指示剂的变色范围越窄越好。由于人对颜色的敏感程度不同,指示剂的变色点不是变色范围的中点,它更靠近于人较敏感的颜色的一端。

常见酸碱指示剂的变色范围:酚酞 8.0 ~ 9.6(无—红);甲基橙 3.1 ~ 4.4(红—黄);甲基红 4.4 ~ 6.2(红—黄);百里酚酞 9.4 ~10.6(无—蓝)。

5.6 酸碱滴定的基本原理

利用酸碱滴定法进行分析测定,必须了解各种不同类型酸碱滴定过程中 H⁺浓度变化规律,才能选择合适的指示剂,正确地确定终点。

5.6.1 一元酸碱的滴定

(1)强碱滴定强酸。滴定过程中各阶段 pH 的计算及曲线绘制详见教材。通过滴定过程中各滴定阶段 H⁺浓度的计算,了解滴定过程中 pH 变化规律,掌握滴定突跃、pH 突跃范围等基本概念及影响滴定突跃的因素、指示剂的选择原则。

酸碱滴定的 pH 突跃是指计量点附近 pH 的突变。滴定突跃范围是指化学计量点前后($RE=\pm0.1\%$)溶液 pH 的变化范围。

选择酸碱指示剂的原则:凡是变色范围全部或部分落在滴定的突跃范围内的指示剂都可以选用。

浓度对突跃范围的影响:强酸强碱滴定突跃范围的大小只与滴定剂和被测物质的浓度有关,浓度越大,突跃范围就越大。

(2)强碱(酸)滴定一元弱酸(碱)。一元弱酸、弱碱能被直接准确滴定的条件是 $cK_a^\ominus \geqslant 10^{-8}$,$cK_b^\ominus \geqslant 10^{-8}$(用指示剂目测终点,$RE \leqslant 0.2\%$)。这类滴定曲线在计量点前的变化特点是快、慢、快,滴定的突跃范围较强酸强碱滴定窄。

突跃范围的大小与浓度和弱酸(碱)的强弱程度有关。当 $K_a^\ominus$($K_b^\ominus$)一定时,浓度越大,突跃范围就越大;当浓度一定时,$K_a^\ominus$($K_b^\ominus$)越大,突跃范围就越大。

强碱滴定弱酸,酸性区无 pH 突跃;强酸滴定弱碱,碱性区无 pH 突跃;弱酸弱碱不能相互滴定。

5.6.2 多元弱酸(碱)的滴定

以二元酸为例:

(1)如果 $cK_{a1}^\ominus < 10^{-8}$,则该级离解的 H⁺不能被强碱直接准确滴定。

(2)如果 $cK_{a1}^\ominus \geqslant 10^{-8}$,$cK_{a2}^\ominus < 10^{-8}$,$\dfrac{K_{a1}^\ominus}{K_{a2}^\ominus} \geqslant 10^4$,则第一级离解的 H⁺可以直接准确滴定,但第二级离解的 H⁺不能。因此,只能在第一计量点附近形成一个突跃。

(3)如果 $cK_{a1}^\ominus \geqslant 10^{-8}$,$cK_{a2}^\ominus \geqslant 10^{-8}$,$\dfrac{K_{a1}^\ominus}{K_{a2}^\ominus} \geqslant 10^4$,则两级离解的 H⁺都可以被强碱直接准

确滴定,分别在第一、第二计量点附近形成两个突跃。也就是说,两级离解的 H^+ 可以分步滴定。

(4)如果 $cK_{a1}^{\ominus} \geq 10^{-8}$,$cK_{a2}^{\ominus} \geq 10^{-8}$,$\dfrac{K_{a1}^{\ominus}}{K_{a2}^{\ominus}} < 10^4$,则两级离解的 H^+ 也都可以被强碱直接准确滴定,但只能在第二计量点附近形成一个突跃。即两级离解的 H^+ 一次被滴定,不能分步滴定。

5.7　酸碱滴定中 CO_2 的影响

CO_2 对酸碱滴定影响程度的大小取决于滴定终点时溶液的 pH,即与滴定所选用的指示剂有关。CO_2 在水中有如下平衡:

$$H_2CO_3 \qquad HCO_3^- \qquad CO_3^{2-}$$

$$pH<6.4 \quad pH=6.4 \sim 10.3 \quad pH>10.3$$

(1)若滴定终点为碱性,如 $pH \approx 9$,用酚酞作指示剂,此时 CO_2 以 HCO_3^- 形式存在。如果溶液存在 CO_2,就会被滴至 HCO_3^-,NaOH 溶液中若存在 Na_2CO_3,也将被滴至 HCO_3^-。因此,这时 CO_2 对滴定的影响应根据滴定终点的 pH 具体情况来分析。

(2)若滴定终点为酸性,如 $pH \approx 4$,用甲基橙作指示剂,此时 CO_2 形式不变,滴定液中由各种途径引入的 CO_2,此时基本上不参与反应,而 NaOH 溶液吸收了 CO_2 生成的 Na_2CO_3 最终也变成了 CO_2,故 CO_2 不影响测定结果。

消除 CO_2 的影响可采取以下方法:

(1)配制 NaOH 的纯水应加热煮沸。

(2)配制不含 CO_3^{2-} 的碱标准溶液:先配制饱和 NaOH 溶液(50%,Na_2CO_3 基本不溶),待 Na_2CO_3 下沉后,取清液用不含 CO_2 的蒸馏水稀释,并妥善保存。

(3)标定和测定在相同条件下进行,CO_2 的影响可部分抵消。

(4)为避免 CO_2 的影响,应尽可能地选用酸性范围变色的指示剂,如甲基橙。

5.8　酸碱滴定的应用

在水溶液中,可以采用酸碱滴定法直接或间接测定许多酸碱物质或通过一定化学反应释放出的酸或碱,如混合碱的测定、食醋中总酸的测定、铵盐或有机物中氮的测定等。

 练习题

5.1 酸碱质子理论

一、选择题

1. 根据酸碱质子理论,正确的是(   )。

    A. 同物质不能既为酸,又为碱   B. 碱不能是阳离子

    C. 碱可能是中性物质   D. 碱不能是阴离子

2. 根据酸碱质子理论,酸的定义是(   )。

    A. 在水溶液中,解离产生的阳离子全是 H^+ 的物质

    B. 能给出质子(H^+)的物质

    C. 在水溶液中,解离产生 OH^- 的物质

    D. 能接受质子(H^+)的物质

3. 根据酸碱质子理论,碱的定义是(   )。

    A. 在水溶液中,解离产生的阴离子全是 OH^- 的物质

    B. 能给出质子(H^+)的物质

    C. 在水溶液中,解离产生 OH^- 的物质

    D. 能接受质子(H^+)的物质

4. 关于共轭酸碱对的叙述,不正确的是(   )。

    A. 共轭酸碱,解离常数的乘积等于 K_w

    B. 相差一个质子的物质互为共轭酸碱对

    C. 某酸的酸性越强,其共轭碱的碱性也越强

    D. 能给出质子的物质为酸,能接受质子的物质为碱

5. 下列属于共轭酸碱对的是(   )。

    A. HCO_3^- 和 CO_3^{2-} B. NH_4^+ 和 NH_2^-

    C. H_2S 和 S^{2-} D. H_3O^+ 和 OH^-

二、判断题

1. 酸碱质子理论中没有盐的定义。   (   )

2. 共轭酸碱对只差一个质子。   (   )

5.2　酸碱平衡的移动

一、选择题

1. 在 $H_2CO_3 \rightleftharpoons H^+ + HCO_3^-$ 平衡体系中,能使平衡向左移动的条件是(　　)。

　　A. 加 NaOH 　　　　　　　　　　B. 加盐酸

　　C. 加水 　　　　　　　　　　　　D. 升高温度

2. pH = 1 的溶液是 pH = 4 的溶液的(H^+)的倍数是(　　)。

　　A. 3 倍 　　　　　　　　　　　　B. 4 倍

　　C. 1000 倍 　　　　　　　　　　D. 300 倍

3. 已知 pH = 3 的 HAc 溶液体积为 500 mL,若在其中加入 1500 mL 水,则溶液中 Ac^- 的物质的量浓度(　　),HAc 的离解度(　　)。

　　A. 变小,变大 　　　　　　　　　B. 变小,变小

　　C. 变大,变大 　　　　　　　　　D. 变大,变小

4. 已知 HAc 溶液 pH = 3.8,若在其中加入少量固体 NaAc,则溶液中 Ac^- 的物质的量浓度(　　),HAc 的物质的量浓度(　　)。

　　A. 变小,变大 　　　　　　　　　B. 变小,变小

　　C. 变大,变大 　　　　　　　　　D. 变大,变小

二、判断题

1. 将 HAc 和 HCl 溶液各加水稀释一倍,则两种溶液中(H^+)浓度均减小为原来的 1/2。　　　　　　　　　　　　　　　　　　　　　　　　　　(　　)

2. 溶液的酸度越高,其 pH 值就越小。　　　　　　　　　　　　　(　　)

5.3　酸碱平衡中有关浓度的计算

一、选择题

1. 将 $c(H_2SO_4) = 0.1$ mol·L^{-1} 的 H_2SO_4 溶液与 2 倍体积氨水溶液 $c(NH_3) = 0.1$ mol·L^{-1},混合均匀,则溶液 pH 值(　　)。

　　A. 等于 8.0 　　　　　　　　　　B. 等于 7.0

　　C. 小于 7.0 　　　　　　　　　　D. 大于 7.0

2. 以 NaOH 滴定 H_3PO_4($K_{a1} = 7.58 \times 10^{-3}$, $K_{a2} = 6.2 \times 10^{-8}$, $K_{a3} = 5.0 \times 10^{-13}$)至生成 NaH_2PO_4 时,溶液的 pH 值应当是(　　)。

　　A. 4.7 　　　　　　　　　　　　B. 6.7

    C. 9. 8   D. 10. 7

3. 某弱碱的 $K_b^{\ominus} = 1.0 \times 10^{-7}$，则其 $0.1\ mol \cdot L^{-1}$ 水溶液的 pH 值为(　　)。

    A. 4. 0   B. 6. 0

    C. 7. 0   D. 10. 0

4. 已知 $K_a^{\ominus}(HA) = 1.0 \times 10^{-7}$，则 HA 水溶液 $(0.1\ mol \cdot L^{-1})$ 的 pH 值为(　　)。

    A. 4. 0   B. 6. 0

    C. 7. 0   D. 10. 0

5. $0.1\ mol \cdot L^{-1}\ H_2SO_4$ 溶液中 H^+ 浓度为(　　)。

    A. $0.1\ mol \cdot L^{-1}$ B. $0.2\ mol \cdot L^{-1}$

    C. $0.3\ mol \cdot L^{-1}$ D. $0.4\ mol \cdot L^{-1}$

6. 某土壤溶液的 pH 值为 4.82，下列物质中浓度最大的是(　　)。

    A. PO_4^{3-} B. HPO_4^{2-}

    C. $H_2PO_4^-$ D. H_3PO_4

7. 已知某三元酸 H_3A 的 $pK_{a_1}^{\ominus} = 2.00$，$pK_{a_2}^{\ominus} = 6.00$，$pK_{a_3}^{\ominus} = 11.00$，则 A^{3-} 的 $pK_{b_3}^{\ominus}$ 为(　　)。

    A. 12. 00   B. 8. 00

    C. 11. 00   D. 3. 00

二、判断题

1. 强酸滴定弱碱达到化学计量点时 pH>7。 　　　　　　　　　　　　　　(　　)

2. HPO_4^{2-}、$H_2PO_4^-$、H_3PO_4 都可以作为质子酸。 　　　　　　　　(　　)

三、计算题

    已知甲酸(HCOOH)的体积为 10.00 mL，物质的量浓度为 $0.10\ mol \cdot L^{-1}$，试计算该溶液的 pH 值及离解度。已知 $K_a^{\ominus}(HCOOH) = 1.77 \times 10^{-4}$。

5.4　缓冲溶液

一、选择题

1.某缓冲溶液含有等浓度的 HA 和 A⁻,若 A⁻的 $K_b^{\ominus}=1.0\times10^{-10}$,则该缓冲溶液的 pH 值为(　　)。

　　A.10.0　　　　　　　　　　B.4.0

　　C.7.0　　　　　　　　　　D.14.0

2.在下列溶液中,不可作为缓冲溶液的是(　　)。

　　A.弱酸及其盐溶液　　　　　B.弱碱及其盐溶液

　　C.高浓度的强酸或强碱溶液　　D.中性化合物溶液

3.已知某弱碱的 $K_b^{\ominus}=1.0\times10^{-9}$,它最适合用于配制缓冲溶液的 pH 值是(　　)左右。

　　A.9　　　　　　　　　　　B.5

　　C.7　　　　　　　　　　　D.8

二、判断题

1.缓冲作用原理是因为溶液中含有足够浓度的共轭酸碱对,通过质子转移平衡的一段,调节溶液的 pH 值不发生显著的变化。　　　　　　　　　　　　　　　(　　)

2.在缓冲溶液中加入大量氢氧化钠,溶液的 pH 值也不会发生显著变化。　　(　　)

5.5　酸碱指示剂

一、选择题

1.用酸碱滴定法测定工业醋酸中的乙酸含量,应选择的指示剂是(　　)。

　　A.酚酞　　　　　　　　　　B.甲基红

　　C.甲基橙　　　　　　　　　D.甲基红–次甲基蓝

2.在 HCl 滴定 NaOH 时,一般选择甲基橙而不是酚酞作为指示剂,主要是由于(　　)。

　　A.甲基橙水溶液好　　　　　B.甲基橙终点 CO_2 影响小

　　C.甲基橙变色范围较狭窄　　D.甲基橙是双色指示剂

3.某酸碱指示剂的 $K(\mathrm{HIn})=1.0\times10^{-5}$,则从理论上推算其变色范围是(　　)。

　　A.4～5　　　　　　　　　　B.5～6

　　C.4～6　　　　　　　　　　D.5～7

4. NaOH 滴定 H_3PO_4，以甲基橙为指示剂，终点时生成（   ）。

$$(H_3PO_4: K_{a1}=6.9\times10^{-3}, K_{a2}=6.2\times10^{-8}, K_{a3}=4.8\times10^{-13})$$

A. NaH_2PO_4 B. Na_2HPO_4

C. Na_3PO_4 D. $NaH_2PO_4+Na_2HPO_4+Na_3PO_4$

5. NaOH 滴定 NaH_2PO_4，下列指示剂中，（   ）合适。

$$(H_3PO_4: K_{a1}=6.9\times10^{-3}, K_{a2}=6.2\times10^{-8}, K_{a3}=4.8\times10^{-13})$$

A. 酚酞 B. 甲基红

C. 甲基橙 D. 甲基红-次甲基蓝

6. 用 HCl 溶液滴定氨水溶液，滴定终点时 pH 值为 5.28，下列指示剂中最合适的是（   ）。

A. 溴酚蓝 $(3.0\sim4.6)$ B. 甲基红 $(4.4\sim6.2)$

C. 甲基橙 $(3.1\sim4.4)$ D. 中性红 $(6.8\sim8.0)$

二、判断题

1. 在酸碱滴定中，酸碱指示剂参与了反应。 （   ）

2. 在酸碱滴定中，尽可能多加指示剂使变色明显。 （   ）

5.6 酸碱滴定的基本原理

一、选择题

1. 已知某强酸、强碱的物质的量浓度都为 $0.01 \text{ mol} \cdot L^{-1}$，强碱滴定强酸时，其突跃范围是 $6\sim8$，那么用 $1.00 \text{ mol} \cdot L^{-1}$ 该强酸滴定 $1.00 \text{ mol} \cdot L^{-1}$ 强碱时，突跃范围理论上是（   ）。

A. $9\sim4$ B. $10\sim4$

C. $5\sim9$ D. $10\sim3$

2. 在酸碱滴定中，选择强酸强碱作为滴定剂的理由是（   ）。

A. 强酸强碱可以直接配制标准溶液 B. 使滴定突跃尽量大

C. 加快滴定反应速率 D. 使滴定曲线较完美

二、判断题

1. 盐酸标准溶液可用精制的草酸标定。 （   ）

2. 盐酸和硼酸都可以用 NaOH 标准溶液直接滴定。 （   ）

3. 配制氢氧化钠标准溶液过程中，为了准确，只能用分析天平进行称量。 （   ）

4. 某弱酸的 $K_a=1.0\times10^{-5}$，它可以用 NaOH 标准溶液直接滴定。 （   ）

5.7　酸碱滴定中 CO_2 的影响

一、选择题

1. 空气中 CO_2 对酸碱滴定的影响,在下列哪些情况时可忽略。(　　)

　　A. 以甲基橙为指示剂　　　　　　　B. 以中性红为指示剂

　　C. 以酚酞为指示剂　　　　　　　　D. 以百里酚酞为指示剂

2. 以甲基橙为指示剂标定含 Na_2CO_3 的 NaOH 标准溶液,用该标准溶液滴定某酸时,仍以甲基橙为指示剂,则测定结果(　　)。

　　A. 偏高　　　　　　　　　　　　　B. 偏低

　　C. 不变　　　　　　　　　　　　　D. 无法确定

3. 用吸收了 CO_2 的 NaOH 标准溶液滴定 HAc 至酚酞变色,将导致结果(　　)。

　　A. 偏高　　　　　　　　　　　　　B. 偏低

　　C. 不变　　　　　　　　　　　　　D. 无法确定

二、判断题

1. 在酸碱滴定中,CO_2 的存在对滴定准确度的影响有时很小,可以忽略,但有时很大,不能忽略。　　　　　　　　　　　　　　　　　　　　　　　　(　　)

2. CO_2 对滴定结果准确度的影响,除了取决于 CO_2 的吸收量外,还取决于滴定终点时体系的 pH 值。　　　　　　　　　　　　　　　　　　　　　　　　(　　)

3. 标定和测定采用相同的指示剂,并在相同的条件下进行,将有助于减小或消除 CO_2 对酸碱滴定的影响。　　　　　　　　　　　　　　　　　　　　　　(　　)

4. 在较精确的滴定中,临近终点时应将试液煮沸以除去其中的 CO_2,冷却以后再进行滴定,这样可以提高滴定的准确度。　　　　　　　　　　　　　　　　(　　)

5.8　酸碱滴定的应用

一、选择题

1. 标定 NaOH 溶液,最适宜作为基准物质的是(　　)。

　　A. 无水 Na_2CO_3　　　　　　　　　B. 邻苯二甲酸氢钾

　　C. 草酸　　　　　　　　　　　　　D. $CaCO_3$

2. 已知邻苯二甲酸氢钾的摩尔质量为 204.2 $g \cdot mol^{-1}$,用它来标定 1 $mol \cdot L^{-1}$ 的 NaOH 溶液,宜称取邻苯二甲酸氢钾质量为(　　)。

　　A. 4~6 g　　　　　　　　　　　　B. 2 g 左右

C.2～3 g   D.10 g 左右

3.某混合碱试样,用 HCl 标准溶液滴定至酚酞终点用量为 V_1 mL,继续用 HCl 滴定至甲基橙终点用量为 V_2 mL,若 $V_2 < V_1$,则混合碱的组成为(   )。

A. 只含 Na_2CO_3 B. 含 $NaHCO_3$ 与 Na_2CO_3

C. 含 NaOH 与 Na_2CO_3 D. 只含 NaOH

4. Na_2CO_3 和 $NaHCO_3$ 混合物可用 HCl 标准溶液来测定,测定过程中两种指示剂的滴加顺序为(   )。

A. 甲基橙、酚酞   B. 百里酚蓝、酚酞

C. 酚酞、百里酚蓝   D. 酚酞、甲基橙

5.双指示剂法测定混合碱,加入酚酞指示剂时,消耗 HCl 标准溶液体积为21.20 mL,加入甲基橙作指示剂,继续滴定又消耗了 HCl 标准溶液18.45 mL,混合碱为(   )。

A. $NaOH - Na_2CO_3$ B. $NaHCO_3 - Na_2CO_3$

C. $NaHCO_3$ D. Na_2CO_3

二、判断题

1.标准氢氧化钠溶液滴定盐酸时,用酚酞作指示剂,滴定终点时颜色会由红色变无色。
（   ）

2.弱酸溶液浓度稀释一倍,H^+ 浓度也减小一倍。   （   ）

3.酸碱完全中和后,溶液的 pH 值等于7。   （   ）

4.一元弱酸溶液的氢离子浓度与酸的浓度相等。   （   ）

5.某一元弱酸的 $K_a = 8.2 \times 10^{-5}$,它能用氢氧化钠标准溶液直接准确滴定。（   ）

复习思考题

一、选择题

1.用基准无水碳酸钠标定 0.1000 mol·L^{-1} 盐酸,宜选用(   )作指示剂。

A. 溴甲酚绿-甲基红   B. 酚酞

C. 百里酚蓝   D. 二甲酚橙

2.配制好的 HCl 需储存于 (   ) 中。

A. 棕色橡皮塞试剂瓶   B. 容量瓶

C. 白色磨口塞试剂瓶   D. 白色橡皮塞试剂瓶

3.用 $c(HCl) = 0.1$ mol·L^{-1} HCl 溶液滴定 $c(NH_3) = 0.1$ mol·L^{-1} 氨水溶液化学计

量点时溶液的 pH 值(　　)。

    A. 等于7.0　　　　　　　　　　B. 小于7.0

    C. 等于8.0　　　　　　　　　　D. 大于7.0

4. 欲配制 pH=5.0 缓冲溶液应选用的一对物质是(　　)。

    A. $HAc(K_a=1.8×10^{-5})$ -NaAc

    B. $HAc-NH_4Ac$

    C. $NH_3 \cdot H_2O (K_b=1.8×10^{-5})-NH_4Cl$

    D. $NaH_2PO_4(K_a=6.3×10^{-8})-Na_2HPO_4$

5. 在酸碱滴定中,选择强酸强碱作为滴定剂的理由是(　　)。

    A. 强酸强碱可以直接配制标准溶液　　　B. 使滴定突跃尽量大

    C. 不易挥发　　　　　　　　　　　　　D. 使滴定曲线较完美

6. 称量 $NaAc \cdot 3H_2O$ 晶体49 g,放入少量水中溶解,再加入2.0 mol·L^{-1} HAc 溶液
(　　),用水稀释1 L,即可配制 pH 值为5.0的 HAc-NaAc 缓冲溶液1 L。
$[M(NaAc \cdot 3H_2O)=136.08$,HAc 的 $K_a=1.8×10^{-5}]$。

    A. 50 mL　　　　　　　　　　　B. 150 mL

    C. 100 mL　　　　　　　　　　　D. 200 mL

7. $(1+5)H_2SO_4$ 这种体积比浓度表示方法的含义是(　　)。

    A. 水和浓 H_2SO_4 的体积比为1:6　　B. 水和浓 H_2SO_4 的体积比为1:5

    C. 浓 H_2SO_4 和水的体积比为1:5　　D. 浓 H_2SO_4 和水的体积比为1:6

8. 以 NaOH 滴定 $H_3PO_4(K_{a_1}=7.6×10^{-3},K_{a_2}=6.3×10^{-8},K_{a_3}=4.4×10^{-13})$ 至生成
Na_2HPO_4 时,溶液的 pH 值应当是(　　)。

    A. 7.7　　　　　　　　　　　　B. 8.7

    C. 9.8　　　　　　　　　　　　D. 10.7

9. 用0.10 mol·L^{-1} HCl 滴定0.10 mol·L^{-1} Na_2CO_3 至酚酞终点,这时溶液中含量最
多的是(　　)。

    A. H_2CO_3　　　　　　　　　　B. CO_2

    C. CO_3^{2-}　　　　　　　　　　D. HCO_3^-

10. 下列弱酸或弱碱(设浓度为0.1 mol·L^{-1})能用酸碱滴定法直接准确滴定的
是(　　)。

    A. 氨水 $(K_b=1.8×10^{-5})$　　　　　B. 苯酚 $(K_a=1.1×10^{-10})$

    C. NH_4^+　　　　　　　　　　　D. $H_3BO_3(K_a=5.8×10^{-10})$

11. 用 $0.1 \ mol \cdot L^{-1}$ HCl 滴定 $0.1 \ mol \cdot L^{-1}$ NaOH 时的 pH 值突跃范围是 $9.7 \sim 4.3$,用 $0.01 \ mol \cdot L^{-1}$ HCl 滴定 $0.01 \ mol \cdot L^{-1}$ NaOH 的突跃范围是（　　　　）。

    A. $9.7 \sim 4.3$ B. $8.7 \sim 4.3$

    C. $8.7 \sim 5.3$ D. $10.7 \sim 3.3$

12. 某酸碱指示剂的 $K_{HIn} = 1.0 \times 10^{-5}$，则从理论上推算其变色范围是（　　　　）。

    A. $4 \sim 5$ B. $5 \sim 6$

    C. $4 \sim 6$ D. $5 \sim 7$

13. NaOH 滴定 H_3PO_4 以酚酞为指示剂，终点时生成（　　　　）。

$(H_3PO_4 : K_{a_1} = 7.6 \times 10^{-3}, K_{a_2} = 6.3 \times 10^{-8}, K_{a_3} = 4.4 \times 10^{-13})$

    A. NaH_2PO_4 B. Na_2HPO_4

    C. Na_3PO_4 D. $NaH_2PO_4 + Na_2HPO_4$

14. 用 NaOH 溶液滴定下列（　　　　）多元酸时，会出现两个 pH 值突跃。

    A. $H_2SO_3 (K_{a_1} = 1.3 \times 10^{-2}, K_{a_2} = 6.3 \times 10^{-8})$

    B. $H_2CO_3 (K_{a_1} = 4.2 \times 10^{-7}, K_{a_2} = 5.6 \times 10^{-11})$

    C. $H_2SO_4 (K_{a_1} \geqslant 1, K_{a_2} = 1.2 \times 10^{-2})$

    D. $H_2C_2O_4 (K_{a_1} = 5.9 \times 10^{-2}, K_{a_2} = 6.4 \times 10^{-5})$

15. 用酸碱滴定法测定工业醋酸中的乙酸含量，应选择的指示剂是（　　　　）。

    A. 酚酞   B. 甲基橙

    C. 甲基红   D. 甲基红 - 次甲基蓝

16. 已知邻苯二甲酸氢钾（用 KHP 表示）的摩尔质量为 $204.2 \ g \cdot mol^{-1}$，用它来标定 $0.1 \ mol \cdot L^{-1}$ 的 NaOH 溶液，称取 KHP 质量为（　　　　）。

    A. $0.2 \sim 0.3 \ g$ B. $1 \ g$ 左右

    C. $0.4 \sim 0.6 \ g$ D. $0.1 \ g$ 左右

17. 双指示剂法测混合碱，加入酚酞指示剂时，消耗 HCl 标准滴定溶液体积为 $15.20 \ mL$；加入甲基橙作指示剂，继续滴定又消耗了 HCl 标准溶液 $26.00 \ mL$，那么溶液中存在（　　　　）。

    A. $NaOH + Na_2CO_3$ B. $Na_2CO_3 + NaHCO_3$

    C. $NaHCO_3$ D. Na_2CO_3

18. 双指示剂法测混合碱，加入酚酞指示剂时，消耗 HCl 标准滴定溶液体积为 $18.00 \ mL$；加入甲基橙作指示剂，继续滴定又消耗了 HCl 标准溶液 $13.00 \ mL$，那么溶液中存在（　　　　）。

A. $NaOH+Na_2CO_3$ B. $Na_2CO_3+NaHCO_3$

C. $NaHCO_3$ D. Na_2CO_3

19. 下列各组物质按等物质的量混合配成溶液后,其中不是缓冲溶液的是(　　)。

A. $NaHCO_3$ 和 Na_2CO_3 B. $NaCl$ 和 $NaOH$

C. NH_3 和 NH_4Cl D. HAc 和 $NaAc$

20. 在 HCl 滴定 $NaOH$ 时,一般选择甲基橙而不是酚酞作为指示剂,主要是由于(　　)。

A. 甲基橙水溶液好 B. 甲基橙终点 CO_2 影响小

C. 甲基橙变色范围较狭窄 D. 甲基橙是双色指示剂

21. 既可用来标定 $NaOH$ 溶液,也可用来标定 $KMnO_4$ 的物质为(　　)。

A. $H_2C_2O_4 \cdot 2H_2O$ B. $Na_2C_2O_4$

C. HCl D. H_2SO_4

22. 下列阴离子的水溶液,若浓度(单位:$mol \cdot L^{-1}$)相同,则碱性最强的是(　　)。

A. CN^-($K_{HCN}=6.2\times10^{-10}$)

B. S^{2-}(H_2S 的 $K_{a_1}=1.3\times10^{-7}$,$K_{a_2}=7.1\times10^{-15}$)

C. F^-($K_{HF}=3.5\times10^{-4}$)

D. CH_3COO^-($K_{HAc}=1.8\times10^{-5}$)

23. 以甲基橙为指示剂标定含有 Na_2CO_3 的 $NaOH$ 标准溶液,用该标准溶液滴定某酸,以酚酞为指示剂,则测定结果(　　)。

A. 无法确定 B. 偏低

C. 不变 D. 偏高

24. $NaOH$ 溶液标签浓度为 0.1300 $mol \cdot L^{-1}$,该溶液从空气中吸收了少量的 CO_2,现以酚酞为指示剂,用标准 HCl 溶液标定,标定结果比标签浓度(　　)。

A. 高 B. 低

C. 不变 D. 无法确定

25. 在下列同浓度的酸溶液中,酸性最强的是(　　)。

A. $HCN[K_a(HCN)=6.2\times10^{-10}]$

B. $HF[K_a(HF)=3.5\times10^{-4}]$

C. $HS^-[K_a(H_2S)=1.3\times10^{-7},K_a(HS^-)=7.1\times10^{-15}]$

D. $CH_3COOH[K_a(CH_3COOH)=1.8\times10^{-5}]$

26. 某弱酸 HA 的 $K_a=1.0\times10^{-4}$,则 1.0 $mol \cdot L^{-1}$ 的该酸的水溶液 pH 值为(　　)。

A. 4.00   B. 3.00

C. 2.00   D. 6.00

27. 某弱酸 HB 的 $K_a=1\times10^{-9}$，$c(B^-)=0.1\ \text{mol}\cdot\text{L}^{-1}$ 的溶液的 pH 值为（　　）。

A. 3.0   B. 5.0

C. 9.0   D. 11.0

28. pH=1.00 和 pH=3.00 的两种强电解质溶液等体积混合后溶液的 pH 值为（　　）。

A. 2.00   B. 1.30

C. 4.00   D. 5.00

29. 已知 H_2CO_3 的解离常数 K_{a1}、K_{a2} 分别为 4.2×10^{-7}、5.6×10^{-11}，当用 HCl 中和 Na_2CO_3 溶液至 pH=4 时，碳酸盐主要存在形式是（　　）。

A. CO_3^{2-} B. HCO_3^-

C. H_2CO_3 D. HCO_3^- 和 CO_3^{2-}

30. 配制 pH=3 的缓冲溶液，应选用下列何种弱酸(或弱碱)和它们的共轭碱(或共轭酸)来配制（　　）。

A. 苯酚($K_a=1.3\times10^{-10}$)   B. $NH_3\cdot H_2O$($K_b=1.8\times10^{-5}$)

C. HAc($K_a=1.8\times10^{-5}$)   D. HCOOH($K_a=1.8\times10^{-4}$)

31. 与缓冲溶液的缓冲容量大小无关的因素是（　　）。

A. 缓冲溶液总浓度   B. 缓冲溶液的 pH=pK_a

C. 缓冲溶液组分的浓度比   D. 外加的酸量或碱量

32. 用纯水将下列溶液稀释 10 倍时，其中 pH 值变化最小的是（　　）。

A. $c(NH_3)=1.0\ \text{mol}\cdot\text{L}^{-1}$ 的氨水溶液

B. $c(HAc)=1.0\ \text{mol}\cdot\text{L}^{-1}$ 的醋酸溶液

C. $c(HCl)=1.0\ \text{mol}\cdot\text{L}^{-1}$ 的盐酸溶液

D. $1.0\ \text{mol}\cdot\text{L}^{-1}$ 的 HAc+$1.0\ \text{mol}\cdot\text{L}^{-1}$ 的 NaAc 溶液

33. 有 NaH_2PO_4 和 Na_2HPO_4 两种溶液，它们的浓度相同且为 $0.10\ \text{mol}\cdot\text{L}^{-1}$。此两种溶液的 pH 值分别设为 pH_1 和 pH_2，则（　　）。

A. $pH_1>pH_2$ B. $pH_1<pH_2$

C. $pH_1=pH_2$ D. 无法判断

34. $a\ \text{mol}\cdot\text{L}^{-1}NH_4Cl$ 溶液中，$c(H^+)$ 的表达式正确的是（　　）（K_b 表示 $NH_3\cdot H_2O$ 的电离常数）。

A. $c(\text{H}^+) = \sqrt{K_b \cdot a}$

B. $c(\text{H}^+) = \sqrt{\dfrac{K_w}{K_b} \cdot a}$

C. $c(\text{H}^+) = \sqrt{\dfrac{K_w \cdot K_b}{a}}$

D. $c(\text{H}^+) = \sqrt{\dfrac{K_w}{K_b \cdot a}}$

35. 将固体 NH_4Cl 加入 $NH_3 \cdot H_2O$ 溶液中,将使(　　　　)

A. K_a 变小

B. pH 值变小

C. pH 值变大

D. NH_4^+ 水解度增加

36. 在 H_2S 的饱和溶液中,$c(S^{2-})$ 近似为(　　　　)。

A. $\sqrt{K_{a1} \cdot c}$

B. $\sqrt{K_{a2} \cdot c}$

C. $\dfrac{1}{2} c(\text{H}^+)$

D. K_{a2}

37. 欲配制 pH = 10.0 的缓冲液,可考虑选用的缓冲对是(　　　　)

A. HAc–NaAc

B. HCOOH–HCOONa

C. H_3PO_4–NaH_2PO_4

D. NH_4Cl–$NH_3 \cdot H_2O$

38. 下列缓冲容量最大的是(　　　　)。

A. $0.01\ \text{mol} \cdot \text{L}^{-1}\ HAc$–$0.01\ \text{mol} \cdot \text{L}^{-1}\ NaAc$

B. $0.05\ \text{mol} \cdot \text{L}^{-1}\ HAc$–$0.05\ \text{mol} \cdot \text{L}^{-1}\ NaAc$

C. $0.02\ \text{mol} \cdot \text{L}^{-1}\ HAc$–$0.08\ \text{mol} \cdot \text{L}^{-1}\ NaAc$

D. $0.04\ \text{mol} \cdot \text{L}^{-1}\ HAc$–$0.06\ \text{mol} \cdot \text{L}^{-1}\ NaAc$

39. 下列物质的量浓度相同的水溶液中,pH 值最大的是(　　　　)。

A. NH_4Cl

B. $NaHCO_3$

C. NaAc

D. Na_2CO_3

40. 已知 $NH_3 \cdot H_2O$ 的 $K_b = 1.8 \times 10^{-5}$,将 $0.40\ \text{mol} \cdot \text{L}^{-1}\ NH_3 \cdot H_2O$ 和 $0.40\ \text{mol} \cdot \text{L}^{-1}$ 的 NH_4Cl 等体积混合,该溶液的 pH 值是(　　　　)。

A. 4.75

B. 9.25

C. 5.12

D. 4.25

41. 用 $0.1000\ \text{mol} \cdot \text{L}^{-1}$ 的 NaOH 溶液滴定 $0.1000\ \text{mol} \cdot \text{L}^{-1}$ 的 CH_3COOH 溶液时,若仅有下列四种指示剂可供选择,则其中最合适的指示剂是(　　　　)。

A. 甲基橙

B. 溴甲酚绿

C. 甲基红

D. 酚酞

42. 下列四种物质的水溶液,若被强酸或强碱标液滴定,在滴定曲线上仅出现一个明显突跃范围的是(　　　　)。

A. H_3BO_3 B. $H_2C_2O_4$

C. $(NH_4)_2SO_4$ D. NaF

43. 已知浓度的 NaOH 溶液,因保存不当吸收了 CO_2,若用此 NaOH 溶液滴定 H_3PO_4,至第二化学计量点,对 H_3PO_4 的分析结果有何影响?(   )

A. 很小可忽略   B. 不确定

C. 偏高   D. 偏低

44. 有一碱液可能由 NaOH、Na_2CO_3 或 $NaHCO_3$,或两者的混合物组成。今采用双指示剂法进行分析,若 $V_2 > V_1$ 且 $V_1 > 0$,溶液组成应为(   )。

A. Na_2CO_3 B. Na_2CO_3-$NaHCO_3$

C. NaOH-$NaHCO_3$ D. NaOH-Na_2CO_3

45. 某三元酸 H_3A 的电离常数 K_{a1}、K_{a2}、K_{a3} 分别为 1.0×10^{-2}、1.0×10^{-5}、1.0×10^{-8},pH = 6.0 时,溶液中的主要存在形式是(   )。

A. H_3A B. H_2A^-

C. HA^{2-} D. A^{3-}

46. 某酸碱指示剂的 $K_b(In^-) = 1 \times 10^{-8}$,从理论上推算,其 pH 值变色范围是(   )。

A. 7 ~ 9   B. 5 ~ 6

C. 4 ~ 6   D. 5 ~ 7

47. 用 $c(NaOH) = 0.10 \ mol \cdot L^{-1}$ 的氢氧化钠溶液滴定 $c(HCOOH) = 0.10 \ mol \cdot L^{-1}$ 的甲酸($pK_a = 3.74$)溶液,最好的指示剂是(   )。

A. 百里酚蓝($pK_{a1} = 1.7$)   B. 甲基橙($pK_a = 3.4$)

C. 中性红($pK_a = 7.4$)   D. 酚酞($pK_a = 9.1$)

48. 下列物质中,能被强碱标准溶液滴定的是(   )。

A. $0.10 \ mol \cdot L^{-1}$ 的 $(NH_4)_2SO_4$ 溶液,$pK_b(NH_3) = 4.74$

B. $0.10 \ mol \cdot L^{-1}$ 的 $KHC_8H_4O_4$ 溶液,$pK_{a2} = 5.41$

C. $0.10 \ mol \cdot L^{-1}$ 的 C_6H_5OH 溶液,$pK_a = 9.95$

D. $0.10 \ mol \cdot L^{-1}$ 的 NH_4Cl 溶液,$pK_b(NH_3) = 4.74$

49. 用 $0.10 \ mol \cdot L^{-1}$ 的 HCl 滴定 $0.10 \ mol \cdot L^{-1}$ 的 NaOH 溶液,pH 值突跃范围是 9.7 ~ 4.3,当两者浓度变成 $1.00 \ mol \cdot L^{-1}$ 时,pH 值突变范围为(   )。

A. 9.7 ~ 4.3   B. 9.7 ~ 5.3

C. 8.7 ~ 4.3   D. 10.7 ~ 3.3

50. 下列物质中,不能用强酸标准溶液直接滴定的是(   )。

（浓度均为 0.10 mol·L^{-1}）

  A. Na$_2$CO$_3$ 溶液（H$_2$CO$_3$ 的 $pK_{a1}=6.38$，$pK_{a2}=10.25$）

  B. NaOH 溶液

  C. HCOONa 溶液（HCOOH 的 $pK_a=3.74$）

  D. Na$_3$PO$_4$ 溶液（H$_3$PO$_4$ 的 $pK_{a1}=2.12$，$pK_{a2}=7.20$，$pK_{a3}=12.36$）

51. 某弱酸型指示剂在 pH=4.5 的溶液中呈现蓝色，在 pH=6.5 的溶液中呈现黄色，此指示剂的 K_a 约为（　　）。

  A. 3.2×10^{-5} B. 3.2×10^{-7}

  C. 3.2×10^{-6} D. 3.2×10^{-4}

52. 某碱液 25.00 mL，以 $c($HCl$)=0.100$ mol·L^{-1} 的标准溶液滴定至酚酞褪色，用去 20.00 mL，再用甲基橙为指示剂继续滴定至变色，又耗去 10.50 mL，此碱液的组成是（　　）。

  A. NaOH   B. NaOH + Na$_2$CO$_3$

  C. Na$_2$CO$_3$ D. NaHCO$_3$ + Na$_2$CO$_3$

53. 氢氧化钠溶液的标签浓度为 0.3000 mol·L^{-1}，该溶液从空气中吸收了少量的 CO$_2$，现以甲基橙为指示剂，用标准盐酸溶液标定，标定结果比标签浓度（　　）。

  A. 高   B. 低

  C. 基本不变   D. 无法确定

54. 某 HCl 溶液中含有约 0.1 mol·L^{-1} 的 HBO$_3$（$pK_a=9.24$），欲准确测定溶液中 HCl 的含量，用 NaOH 标准溶液滴定，应选（　　）作指示剂为宜。

  A. 百里酚蓝（$pK_a=1.7$）   B. 甲基橙（$pK_a=3.4$）

  C. 甲基红（$pK_a=5.0$）   D. 酚酞（$pK_a=9.1$）

55. 用因保存不当失去部分结晶水的草酸（H$_2$C$_2$O$_4$·2H$_2$O）作基准物质来标定 NaOH 的浓度，结果将（　　）。

  A. 偏高   B. 偏低

  C. 无影响   D. 无法确定

56. 根据酸碱质子理论，都可以作为质子酸的是（　　）。

  A. HS$^-$、C$_2$O$_4^{2-}$、HCO$_3^-$ B. H$_2$CO$_3$、NH$_4^+$、H$_2$O

  C. Cl$^-$、BF$_3$、OH$^-$ D. H$_2$S、CO$_3^{2-}$、H$_2$O

57. 根据酸碱质子理论，下列物质的碱性排列对的是（　　）。

  A. CN$^-$>CO$_3^{2-}$>Ac$^-$>NO$_3^-$ B. CO$_3^{2-}$>CN$^-$>Ac$^-$>NO$_3^-$

C. $Ac^->NO_3^->CN^->CO_3^{2-}$ D. $NO_3^->Ac^->CO_3^{2-}>CN^-$

58. 质子理论认为,下列物质中全部是两性物质的是(　　　)。

    A. HAc、HCO_3^-、PO_4^{3-}、H_2O B. CO_3^{2-}、CN^-、HAc、NO_3^-

    C. HS^-、HCO_3^-、$H_2PO_4^-$、H_2O D. H_2S、Ac^-、NH_3、H_2O

59. 295 K 时,纯水中 $c(H^+)=10^{-7} mol \cdot L^{-1}$,溶液呈中性。温度升高时,纯水的 pH 值(　　　)。

    A. 大于7   B. 小于7

    C. 等于7   D. 无法确定

60. 在下列化合物中,其水溶液的 pH 值最高的是(　　　)。

    A. $NaCl$ B. Na_2CO_3

    C. NH_4Cl D. $NaHCO_3$

61. 已知 H_3PO_4 的 $pK_{a1}^{\ominus}$、$pK_{a2}^{\ominus}$ 和 $pK_{a3}^{\ominus}$ 分别为 2.12、7.20、12.36,则 PO_4^{3-} 的 $pK_{b1}^{\ominus}$ 为(　　　)。

    A. 11.88   B. 6.80

    C. 1.64   D. 2.12

62. 在 $0.1 mol \cdot L^{-1}$ 的 NaF 溶液中,下列关系正确的为(　　　)。

    A. $c(H^+) \approx c(HF)$ B. $c(HF) \approx c(OH^-)$

    C. $c(H^+) \approx c(OH^-)$ D. $c(H^+) \approx c(F^-)$

63. 在 pH=6.0 的土壤溶液中,下列物质浓度最大的为(　　　)。

    A. H_3PO_4 B. $H_2PO_4^-$

    C. HPO_4^{2-} D. PO_4^{3-}

64. 已知 HAC 的 pK_a=4.75,在 110.0 mL 浓度为 $0.10 mol \cdot L^{-1}$ 的 HAc 溶液中,加入 10.0 mL 浓度为 $0.10 mol \cdot L^{-1}$ 的 NaOH 溶液,则混合溶液的 pH 值为(　　　)。

    A. 4.75   B. 3.75

    C. 2.75   D. 5.75

65. 往 $1 L 0.10 mol \cdot L^{-1}$ HAc 溶液中加入少量 NaAc 晶体并使之溶解,会发生的情况是(　　　)。

    A. HAc 的 $K_a^{\ominus}$ 值增大   B. HAc 的 $K_a^{\ominus}$ 值减小

    C. 溶液的 pH 值增大   D. 溶液的 pH 值减小

66. $0.1 mol \cdot L^{-1}$ KCN 水溶液中,下列关系正确的是(　　　)。

    A. $c(HCN)=c(OH^-)-c(H^+)$ B. $c(HCN)=c(OH^-)+c(H^+)$

C. $c(HCN) = c(H^+) - c(OH^-)$ 　　　　D. $c(HCN) = c(K^+) - c(OH^-)$

67. 设氨水的浓度为 c,若将其稀释 1 倍,溶液中的 OH^- 浓度为( )。

    A. $c/2$ 　　　　　　　　　　　B. $2c$

    C. $\sqrt{cK_b^\ominus/2}$ 　　　　　　　　　D. $\sqrt{cK_b^\ominus}/2$

68. 欲配制 pH = 9.5 的缓冲溶液,应选用( )。

    A. $HCOOH-HCOONa$ 　　　　B. $HAc-NaAc$

    C. NH_3-NH_4Cl 　　　　　　　D. $Na_2HPO_4-Na_3PO_4$

69. 下列混合物溶液中,缓冲容量最大的是( )。

    A. $0.05\ mol \cdot L^{-1} NH_3-0.15\ mol \cdot L^{-1} NH_4Cl$

    B. $0.17\ mol \cdot L^{-1} NH_3-0.03\ mol \cdot L^{-1} NH_4Cl$

    C. $0.15\ mol \cdot L^{-1} NH_3-0.05\ mol \cdot L^{-1} NH_4Cl$

    D. $0.10\ mol \cdot L^{-1} NH_3-0.10\ mol \cdot L^{-1} NH_4Cl$

70. 已知 HAC 的 $K_a = 1.75 \times 10^{-5}$ 在 $0.060\ mol \cdot L^{-1}$ HAc 溶液中,加入 NaAc 固体,使 $c(NaAc) = 0.020\ mol \cdot L^{-1}$,混合液的 $c(H^+)$ 接近于( )。

    A. $10.3 \times 10^{-6}\ mol \cdot L^{-1}$ 　　　　B. $5.4 \times 10^{-5}\ mol \cdot L^{-1}$

    C. $3.6 \times 10^{-4}\ mol \cdot L^{-1}$ 　　　　D. $5.4 \times 10^{-6}\ mol \cdot L^{-1}$

71. 某酸碱指示剂的理论变色范围为 $8 \sim 10$,则该指示剂的 $pK_a^\ominus$ 为( )。

    A. 7 　　　　　　　　　　　　B. 8

    C. 9 　　　　　　　　　　　　D. 10

72. 用 $0.2000\ mol \cdot L^{-1}$ NaOH 滴定 $0.2000\ mol \cdot L^{-1}$ HCl,其 pH 值突跃范围是( )。

    A. $2.0 \sim 6.0$ 　　　　　　　　B. $4.0 \sim 8.0$

    C. $4.0 \sim 10.0$ 　　　　　　　D. $8.0 \sim 10.0$

73. 用 NaOH 滴定弱酸 HA($pK_a^\ominus = 4.0$),其 pH 突跃范围是 $7.0 \sim 9.7$,若弱酸 $pK_a^\ominus = 3.0$,则其 pH 突跃范围为( )。

    A. $6.0 \sim 10.7$ 　　　　　　　B. $6.0 \sim 9.7$

    C. $7.0 \sim 10.7$ 　　　　　　　D. $8.0 \sim 9.7$

74. $0.10\ mol \cdot L^{-1}$ 下列酸或碱,能借助指示剂指示终点而直接准确滴定的是( )。

    A. HCOOH 　　　　　　　　　B. H_3BO_3

    C. NH_4Cl 　　　　　　　　　D. NaAc

75. 下列 $0.20\ mol \cdot L^{-1}$ 多元酸能用 NaOH 标准溶液分步滴定的是( )。

    A. $H_2C_2O_4(K_{a1} = 5.9 \times 10^{-2}, K_{a2} = 6.4 \times 10^{-5})$

B. 邻苯二甲酸($K_{a1} = 1.1 \times 10^{-3}$, $K_{a2} = 3.9 \times 10^{-5}$)

C. H_3PO_4($K_{a1} = 7.6 \times 10^{-3}$, $K_{a2} = 6.3 \times 10^{-8}$, $K_{a3} = 4.4 \times 10^{-13}$)

D. H_3BO_3($K_{a1} = 5.8 \times 10^{-10}$)

76. 用 HCl 标准溶液滴定 Na_2HPO_4 至化学计量点时，溶液中 $c(H^+)$ 的计算，应选公式（　　）。

A. $\sqrt{cK_w^\ominus / K_{a1}^\ominus}$ 　　　　　　　　　　B. $\sqrt{K_{a2}^\ominus \cdot K_{a3}^\ominus}$

C. $\sqrt{K_{a1}^\ominus \cdot K_{a2}^\ominus}$ 　　　　　　　　　　D. $\sqrt{cK_a^\ominus}$

77. 用 NaOH 标准溶液滴定 $0.10\ \text{mol} \cdot \text{L}^{-1}$ HCl 和 $0.10\ \text{mol} \cdot \text{L}^{-1}$ H_3BO_3 混合液时，最合适的指示剂是（　　）。

A. 百里酚酞 　　　　　　　　　　B. 酚酞

C. 中性红 　　　　　　　　　　D. 甲基红

78. 用开氏法测蛋白质含 N 量，蒸出的 NH_3 用过量的 H_2SO_4 溶液吸收，再用 NaOH 溶液返滴定，确定终点的指示剂应是（　　）。

A. 甲基红 　　　　　　　　　　B. 酚酞

C. 中性红 　　　　　　　　　　D. 百里酚酞

79. 以甲基橙为指示剂，用 HCl 标准溶液标定含有 CO_3^{2-} 的 NaOH 溶液，然后用此 NaOH 溶液测定试样中的 HAc 含量，则 HAc 含量将会（　　）。

A. 偏高 　　　　　　　　　　B. 偏低

C. 无影响 　　　　　　　　　　D. 无法确定

80. 已知 NaOH 标准溶液中含 CO_3^{2-}，现以 $H_2C_2O_4$ 标定 NaOH 浓度后，用于测定 HAc 含量，其结果将（　　）。

A. 无法确定 　　　　　　　　　　B. 偏低

C. 无影响 　　　　　　　　　　D. 偏高

81. 用 $0.1000\ \text{mol} \cdot \text{L}^{-1}$ HCl 标准溶液测纯碱含量时，滴定产物为 CO_2，则 $T(Na_2CO_3/\text{HCl})$ 为（　　）。

A. $0.005300\ \text{g} \cdot \text{mL}^{-1}$ 　　　　　　　　　　B. $0.01060\ \text{g} \cdot \text{mL}^{-1}$

C. $0.008400\ \text{g} \cdot \text{mL}^{-1}$ 　　　　　　　　　　D. $0.04200\ \text{g} \cdot \text{mL}^{-1}$

82. 磷酸试样 $1.000\ \text{g}$，用 $0.5000\ \text{mol} \cdot \text{L}^{-1}$ NaOH 标准溶液 $20.00\ \text{mL}$ 滴至酚酞终点，H_3PO_4 的质量分数为（　　）。

A. 49.00% 　　　　　　　　　　B. 98.00%

C. 32.67% 　　　　　　　　　　D. 24.50%

83. 某混合碱先用 HCl 滴定至酚酞变色，耗去 V_1 mL，继续以甲基橙为指示剂，耗去 V_2 mL，已知 $V_1<V_2$，其组成是（　　　）。

　　A. NaOH–Na$_2$CO$_3$　　　　　　　　B. Na$_2$CO$_3$

　　C. NaHCO$_3$–NaOH　　　　　　　　D. NaHCO$_3$–Na$_2$CO$_3$

84. 含 H$_3$PO$_4$–NaH$_2$PO$_4$ 的混合液，用 NaOH 标液滴至甲基橙变色，耗去 NaOH x mL；等量试液改用酚酞作指示剂，耗去 NaOH y mL，则 x 与 y 的关系是（　　　）。

　　A. $x=y$　　　　　　　　　　B. $y=2x$

　　C. $y>2x$　　　　　　　　　　D. $x>y$

二、判断题

1. 根据酸碱质子理论，只要能给出质子的物质就是酸。（　　　）

2. 酸碱滴定中，有时要用颜色变化明显，且变色范围较窄的混合指示剂。（　　　）

3. 配制标准溶液时，为了准确，HCl 一定要用吸量管量取。（　　　）

4. 强碱滴定弱酸，可以选择酚酞，也可以选择甲基橙作为指示剂。（　　　）

5. 在任何 pH 值条件下，缓冲溶液都能起缓冲作用。（　　　）

6. 双指示剂就是混合指示剂。（　　　）

7. NH$_4$Cl 溶液可以用 NaOH 标准溶液直接滴定。（　　　）

8. H$_3$PO$_4$ 用 NaOH 滴定一定存在三个突跃。（　　　）

9. H$_2$C$_2$O$_4$ 不能分步滴定（$K_{a1}=5.6\times10^{-2}$，$K_{a2}=5.1\times10^{-5}$）。（　　　）

10. 硼砂可以作为基准物质用于标定盐酸溶液的浓度。（　　　）

11. 在配制 NaOH 标准溶液过程中，NaOH 的质量必须准确称量。（　　　）

12. 用 NaOH 标准溶液标定 HCl 溶液浓度时，以酚酞作指示剂，若 NaOH 溶液因贮存不当吸收了 CO$_2$，则测定结果偏高。（　　　）

13. 酸碱滴定法测定分子量较大的难溶于水的羧酸时，可采用中性乙醇为溶剂。（　　　）

14. H$_2$SO$_4$ 用 NaOH 滴定有两个突跃。（　　　）

15. 双指示剂法测定混合碱含量，已知试样消耗标准盐酸溶液的体积 $V_1>V_2$，则混合碱的组成为 Na$_2$CO$_3$+NaOH。（　　　）

16. 硼酸可以用 NaOH 标准溶液直接滴定。（　　　）

17. 强酸滴定弱碱达到化学计量点时 pH>7。（　　　）

18. 常用的酸碱指示剂，大多是弱酸或弱碱，所以滴加指示剂的多少及时间的早晚不会影响分析结果。（　　　）

19. 酸碱滴定中，指示剂用量越大，终点变色越敏锐。（　　　）

20. 用因保存不当而部分风化的基准试剂 $H_2C_2O_4 \cdot 2H_2O$ 标定 NaOH 溶液的浓度时,结果偏高;若用此 NaOH 溶液测定某有机酸的摩尔质量时则结果偏低。 (　　)

21. 用因吸潮带有少量湿存水的基准试剂 Na_2CO_3 标定 HCl 溶液的浓度时,结果偏高;若用此 HCl 溶液测定某有机碱的摩尔质量时结果也偏高。 (　　)

22. 温度一定时,溶液 pH 值改变,水的标准离子积常数不变。 (　　)

23. 在共轭酸碱对 H_3PO_4-HPO_4^{2-} 中,HPO_4^{2-} 为质子碱。 (　　)

24. 外加少量酸时,缓冲溶液 pH 值基本不变或变化很小。 (　　)

25. 在某溶液中加入甲基橙指示剂后,溶液显黄色,则该溶液一定呈碱性。 (　　)

26. 用强碱溶液滴定弱酸时,弱酸强度越大滴定突跃越大。 (　　)

27. CO_3^{2-} 与 HCO_3^- 可以看作是共轭酸碱对。 (　　)

28. 由于同离子效应的存在,电解质溶液的 pH 值一定会增大。 (　　)

29. 一元弱酸可被强碱准确滴定的判据是 $\lg cK_a^{\ominus} \geqslant -7$。 (　　)

30. $0.1000\ mol \cdot L^-\ CH_3COOH$ 可以用 NaOH 标准溶液直接滴定。 (　　)

31. NaOH 标准溶液因保存不当吸收了 CO_2,以此标准溶液滴定 HCl,以酚酞为指示剂,分析结果将偏高。 (　　)

三、计算题

1. 计算 $0.20\ mol \cdot L^{-1}\ Na_2CO_3$ 水溶液的 pH 值。若向该溶液中加入等体积 $0.20\ mol \cdot L^{-1}$ 的 HCl,计算混合液的 pH 值。$[K_{a1}(H_2CO_3) = 4.3 \times 10^{-7}, K_{a2}(H_2CO_3) = 5.6 \times 10^{-11}]$

2. 100 g $NaAc \cdot 3H_2O$ 加入 130 mL $0.60\ mol \cdot L^{-1}$ 的 HAc 溶液中,用水稀释至 1.0 L,此缓冲液 pH 值是多少? $[M(NaAc \cdot 3H_2O) = 136.08\ g \cdot mol^{-1}, pK_a(HAc) = 4.75]$

3. 欲配制 500 mL pH＝5.00 的缓冲溶液,问在 0.20 mol·L^{-1} 的 HAc 溶液中,需加入 NaAc·3H$_2$O 多少克? [M(NaAc·3H$_2$O)＝136.08 g·mol^{-1},pK_a(HAc)＝4.75]

4. 0.25 mol·L^{-1} 的 NaH$_2$PO$_4$ 100 mL 和 0.35 mol·L^{-1} 的 Na$_2$HPO$_4$ 溶液 50 mL 混合 (设体积不变),混合液的 pH 值是多少? 若向混合液中加入 0.10 mol·L^{-1} NaOH 50 mL, 此混合液 pH 值为多少? [pK_{a2}(H$_3$PO$_4$)＝7.20]

5. 欲配制 pH＝10.0 的缓冲溶液,如用 500 mL 0.10 mol·L^{-1} NH$_3$·H$_2$O 溶液,问需加 入 0.10 mol·L^{-1} 的 HCl 溶液多少毫升? 或加入固体 NH$_4$Cl 多少克? [假定体积不变, K_b＝1.8×10^{-5},M(NH$_4$Cl)＝53.49 g·mol^{-1}]

6. 称取含 NaH_2PO_4 和 Na_2HPO_4 及其他惰性杂质的试样 1.000 g, 溶于适量水后, 以百里酚酞为指示剂, 用 $0.1000\ mol \cdot L^{-1}$ NaOH 标准溶液滴定到溶液刚好变蓝, 消耗 NaOH 标准溶液 20.00 mL, 然后加入溴甲酚绿(4.0~5.6)指示剂, 改用 $0.1000\ mol \cdot L^{-1}$ HCl 标准溶液滴至终点时, 消耗 HCl 溶液 30.00 mL, 试计算 $\omega(NaH_2PO_4)$ 和 $\omega(Na_2HPO_4)$。

$[M(Na_2HPO_4) = 142.02\ g \cdot mol^{-1}, M(NaH_2PO_4) = 120.04\ g \cdot mol^{-1}]$

7. 粗铵盐 2.000 g 加过量 KOH 溶液, 加热, 蒸出的氨吸收在 50.00 mL $0.5000\ mol \cdot L^{-1}$ 的 HCl 标准溶液中, 过量的 HCl 用 $0.5000\ mol \cdot L^{-1}$ 的 NaOH 溶液回滴, 用去 1.56 mL。计算试样中 NH_3 含量。$[M(NH_3) = 17.00\ g \cdot mol^{-1}]$

8. 称取混合碱试样 0.8983 g(可能是 Na_2CO_3 或 $NaHCO_3$ 或 NaOH 或两者的混合物)加酚酞指示剂, 用 $0.2896\ mol \cdot L^{-1}$ HCl 溶液滴定至终点, 耗去酸液 31.45 mL, 再加甲基橙指示剂, 滴定至终点, 又耗去 24.10 mL。试计算试样中各组分的质量分数。

$[M(Na_2CO_3) = 106.0\ g \cdot mol^{-1}, M(NaOH) = 40.00\ g \cdot mol^{-1}, M(NaHCO_3) = 84.00\ g \cdot mol^{-1}]$

第6章　沉淀溶解平衡与沉淀滴定

内容提要

难溶电解质饱和水溶液中存在固体与相应的各水合离子间的沉淀溶解平衡,这是一种多相离子平衡。通过本章的学习,要求能以溶度积规则为依据,认识沉淀的生成、溶解和转化的规律;利用沉淀溶解平衡,解决在实际工作中遇到的如何进行离子的分离、鉴定、提纯,如何只使某种离子生成沉淀,制备所需的产品,使沉淀发生转化以及进行定量分析等问题。

6.1　难溶电解质的溶度积

对于难溶强电解质 A_mB_n,其沉淀溶解平衡通式可表示为

$$A_mB_n(s) = mA^{n+}(aq) + nB^{m-}(aq)$$

溶度积的表达式为

$$K_{sp}^{\ominus}(A_mB_n) = \left[\frac{c(A^{n+})}{c^{\ominus}}\right]^m \cdot \left[\frac{c(B^{m-})}{c^{\ominus}}\right]^n$$

此式表明,在一定温度下,难溶电解质的饱和溶液中,各离子平衡浓度幂的乘积为一常数。这个常数称为该难溶电解质的溶度积常数,简称溶度积,上式简化为

$$K_{sp}^{\ominus}(A_mB_n) = c^m(A^{n+}) \cdot c^n(B^{m-})$$

溶度积的数值反映了物质的溶解能力,它与溶解度密切相关,两者之间可以相互换算。同类型的电解质,以 mol/L 作单位的溶解度大,溶度积也大,因此可以根据溶度积来直接比较它们的溶解度。

6.2　溶度积规则

在某难溶电解质的溶液中,其离子浓度幂的乘积称为离子积,用符号 Q_C 或 Q_B 表示。

难溶电解质溶液中的多相离子平衡移动规则,就是溶度积规则:当$Q_C > K_{sp}^{\ominus}$时,为过饱和溶液,平衡向生成沉淀的方向移动,体系中有沉淀生成;当$Q_C = K_{sp}^{\ominus}$时,为饱和溶液,已达动态平衡;当$Q_C < K_{sp}^{\ominus}$时,为不饱和溶液,体系中无沉淀生成。若有沉淀,则平衡向沉淀溶解方向移动。

6.3 沉淀的产生和溶解

6.3.1 沉淀的产生

$Q_C > K_{sp}^{\ominus}$,是沉淀产生的必要条件。在被沉淀离子浓度一定的情况下,沉淀的完全程度与沉淀的$K_{sp}^{\ominus}$、沉淀剂的性质和用量及沉淀时的 pH 等因素有关。为了使某种离子尽可能沉淀完全,应选择加入适当过量的沉淀剂,对于生成难溶氢氧化物和难溶弱酸盐的沉淀反应,还必须控制溶液的 pH。

6.3.2 沉淀的溶解

$Q_C < K_{sp}^{\ominus}$,是发生溶解的必要条件。因此,一切能有效地降低多相离子平衡体系中有关离子浓度,使$Q_C < K_{sp}^{\ominus}$的方法,都能使沉淀溶解平衡向着沉淀溶解的方向移动。最常用的方法有利用酸与难溶电解质组分离子结合成弱电解质的方法;利用氧化还原反应以降低难溶电解质组分离子浓度的方法;借助某一配位剂,使难溶电解质的组分离子形成稳定的配离子而使沉淀溶解的方法等。

同离子效应不仅会使弱电解质的电离度降低,也会使难溶电解质的溶解度降低,促使沉淀完全,加入过量沉淀剂使沉淀更完全,就是同离子效应的结果。在难溶电解质饱和溶液中,加入不含相同离子的盐时,则会产生盐效应,将使难溶电解质的溶解度增大。在体系中既有沉淀溶解平衡,又有电离平衡或配位离解平衡时,是否有沉淀的生成或溶解,就要通过竞争平衡中各种平衡常数来计算。

6.4 分步沉淀和沉淀的转化

6.4.1 分步沉淀

在实际工作中,常常会遇到体系中同时存在多种离子,这些离子可能与加入的某一沉淀剂均会发生沉淀反应,生成难溶电解质。在这种情况下,由于各种难溶电解质的溶度积的差异,它们沉淀的次序将会有先后之分,这叫作分步沉淀。根据溶度积规则可得出:离子积首先超过溶度积的难溶电解质先析出。

分步沉淀的次序并不完全取决于溶度积,还与混合溶液中各离子的浓度有关。利用分步沉淀原理,根据具体情况,适当控制条件可以使离子获得分离。在实际应用中,分步沉淀原理用得多的是利用生成硫化物和氢氧化物沉淀分离金属离子,因为它们的 $K_{sp}^{\ominus}$ 一般相差较大,通过调节溶液 pH 值以控制 S^{2-} 及 OH^- 离子的浓度,即能有效地分离某些金属离子。

6.4.2　沉淀的转化

借助于某一试剂的作用,把一难溶电解质转化为另一更难溶电解质的过程,称为沉淀的转化。两种难溶电解质的溶度积相差越大,则沉淀转化就越容易,且越完全。例如为了除去附在锅炉内壁的锅垢(主要成分为既难溶于水,又难溶于酸的 $CaSO_4$),可借助于 Na_2CO_3,将 $CaSO_4$ 转化为疏松且溶于酸的 $CaCO_3$。

6.5　沉淀滴定法

沉淀滴定法是以沉淀溶解平衡为基础的一种滴定分析法。尽管沉淀反应很多,但符合沉淀滴定条件的并不多。有许多沉淀没有恒定的组成、易形成过饱和溶液、溶解度较大,有的共沉淀副反应现象严重等。目前,应用最广泛的是生成难溶银盐的反应。这种利用生成难溶银盐反应的测定方法称为银量法。银量法可以测定 Cl^-、Br^-、I^-、CN^-、SCN^- 和 Ag^+ 等。在化工、冶金、农业及工业"三废"等生产部门的检测工作中有广泛的应用。

银量法根据指示剂的不同,按创立者的名字命名分为三种方法:莫尔法、佛尔哈德法和法扬斯法。以铬酸钾为指示剂,用 $AgNO_3$ 标准溶液直接滴定的银量法称为莫尔法。以铁铵矾 $[NH_4Fe(SO_4)\cdot12H_2O]$ 为指示剂,用 KSCN 或 NH_4SCN 标准溶液进行滴定的银量法称为佛尔哈德法,它又可分为直接滴定法和返滴定法。

 练习题

6.1 难溶电解质的溶度积

一、选择题

已知如下物质的溶度积常数:FeS 的 $K_{sp}=6.3\times10^{-18}$;CuS 的 $K_{sp}=6.3\times10^{-36}$。下列说法正确的是(   )。

A. 同温度下,CuS 的溶解度大于 FeS 的溶解度

B. 同温度下,向饱和 FeS 溶液中加入少量 Na_2S 固体后,$K_{sp}(FeS)$ 变小

C. 向含有等物质的量的 $FeCl_2$ 和 $CuCl_2$ 的混合溶液中逐滴加入 Na_2S 溶液,最先出现的沉淀是 FeS

D. 除去工业废水中的 Cu^{2+},可以选用 FeS 作沉淀剂

二、判断题

1. 沉淀溶解达到平衡时,沉淀的速率和溶解的速率相等。   (   )

2. 沉淀溶解达到平衡时,溶液中溶质的离子浓度相等,且保持不变。   (   )

3. 沉淀溶解达到平衡时,如果再加入难溶性的该沉淀物,将促进溶解。   (   )

4. AgBr、AgI、FeS、ZnS、CuS 的溶解能力由大到小的顺序为 AgBr>AgI>FeS>ZnS>CuS。

(   )

6.2 溶度积规则

一、选择题

1. 下列说法中正确的是(   )。

A. 不溶于水的物质溶解度为 0

B. 绝对不溶解的物质是不存在的

C. 某离子被沉淀完全是指该离子在溶液中的浓度为 0

D. 物质的溶解性为难溶,则该物质不溶于水

2. 下列说法正确的是(   )。

A. 在一定温度下的饱和 AgCl 水溶液中,Ag^+ 与 Cl^- 的浓度积是一个常数

B. 已知 AgCl 的 $K_{sp}=1.8\times10^{-10}$,则在任何含 AgCl 固体的溶液中,$c(Ag^+)=c(Cl^-)$,且 Ag^+ 与 Cl^- 浓度的乘积等于 1.8×10^{-10}

C. K_{sp} 数值越大的难溶电解质在水中的溶解能力越强

D. 难溶电解质的溶解度很小,故外界条件改变,对它的溶解度没有影响

3. 在下列溶液中能使 $Mg(OH)_2$ 溶解度增大的是(   )。

A. $MgCl_2$ B. NaOH

C. $MgSO_4$ D. NH_4Cl

二、判断题

25 ℃时,将等体积的 0.020 mol·L^{-1} $BaCl_2$ 溶液和 0.020 mol·L^{-1} Na_2SO_4 溶液混合,有 $BaSO_4$ 沉淀生成。   (   )

三、问答题

简述溶度积规则。

6.3 沉淀的产生和溶解

一、选择题

1. 自然界地表层原生铜的硫化物经氧化、淋滤作用后变成 $CuSO_4$ 溶液,向地下深层渗透,遇到难溶的 ZnS 或 PbS,慢慢转变为铜蓝(CuS)。下列分析正确的是(   )。

A. CuS 的溶解度大于 PbS 的溶解度

B. 原生铜的硫化物具有还原性,而铜蓝没有还原性

C. $CuSO_4$ 与 ZnS 反应的离子方程式是 $Cu^{2+}+S^{2-}$══CuS

D. 整个过程涉及的反应类型有氧化还原反应和复分解反应

2. 以 MnO_2 为原料制得的 $MnCl_2$ 溶液中常含有 Cu^{2+}、Pb^{2+}、Cd^{2+} 等金属离子,通过添加过量的难溶电解质 MnS,可使这些金属离子形成硫化物沉淀,经过滤除去包括 MnS 在内的沉淀,再经蒸发、结晶,可得纯净的 $MnCl_2$。根据上述实验事实,可推知 MnS 具有的相关性质是(   )。

A. 具有吸附性

B. 溶解度与 CuS、PbS、CdS 等相同

C. 溶解度大于 CuS、PbS、CdS

D. 溶解度小于 CuS、PbS、CdS

二、判断题

1. 已知 $K_{sp}(CaCO_3)=4.96\times10^{-9}$,往盛有 1.0 L 纯水中加入 0.1 mL 浓度为 0.01 mol·L^{-1} 的 $CaCl_2$ 和 Na_2CO_3 溶液,有 $CaCO_3$ 沉淀生成。 （　　）

2. 已知 $K_{sp}(CaCO_3)=4.96\times10^{-9}$,往盛有 1.0 L 纯水中加入 0.1 mL 浓度为 1.0 mol·L^{-1} 的 $CaCl_2$ 和 Na_2CO_3 溶液,有 $CaCO_3$ 沉淀生成。 （　　）

三、问答题

1. 试说明沉淀反应中的同离子效应和盐效应。

2. 大约 50% 的肾结石是由磷酸钙 $Ca_3(PO_4)_2$ 组成的。正常尿液中的钙含量每天约为 0.10 g Ca^{2+},正常的排尿量为每天 1.4 L,为不使尿中形成 $Ca_3(PO_4)_2$,其中最大的 PO_4^{3-} 浓度不得高于多少? 对肾结石患者来说,医生总是让患者多饮水,你能简单对其加以说明吗?

6.4 分步沉淀和沉淀的转化

判断题

1. 在某溶液中含有多种离子,可与同一沉淀试剂作用。在此溶液中逐滴加入该沉淀试剂,则 K_{sp} 小的难溶电解质,一定先析出沉淀。 （　　）

2. 利用沉淀转化可使某些既难溶于水又不溶于酸的物质转化为可溶于酸的物质。
（　　）

3. 在沉淀转化中,只能是溶解度大的难溶物质转化为溶解度小的难溶物质。（　　）

4. 对含有多种可被沉淀离子的溶液来说,当逐滴慢慢加入沉淀试剂时,一定是浓度大的离子首先沉淀出来。 （　　）

6.5 沉淀滴定法

一、选择题

1. 莫尔法测定 Cl^- 含量时,要求介质的 pH 值在 6.5 ~ 10.5 范围内,若酸度过高,则（　　）。

A. AgCl 沉淀不完全　　　　　　　　B. AgCl 沉淀易胶溶

C. AgCl 沉淀吸附 Cl^- 增强　　　　　D. Ag_2CrO_4 沉淀不易形成

2. 用佛尔哈德法直接测定银盐时,应在下列(　　)条件下进行。

A. 强酸性　　　　　　　　　　　　B. 弱酸性

C. 中性到弱碱性　　　　　　　　　D. 碱性

3. 法扬斯法测定氯化物时,应选用的指示剂是(　　)。

A. 铁铵矾　　　　　　　　　　　　B. 曙红

C. 荧光黄　　　　　　　　　　　　D. 铬酸钾

二、判断题

1. 沉淀滴定法中,铁铵矾指示剂法测定 Cl^- 时,为保护 AgCl 沉淀不被溶解,需加入试剂。　　　　　　　　　　　　　　　　　　　　　　　　　　　(　　)

2. 重量分析法中,一般同离子效应将使沉淀溶解度减小;酸效应会使沉淀溶解度减小;配位效应会使沉淀溶解度减小。　　　　　　　　　　　　　　　　　(　　)

三、问答题

试比较莫尔法、佛尔哈德法和法扬斯法的异同点。

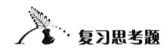

复习思考题

一、选择题

1. 有一难溶电解质如 A_2B,其溶度积为 $K_{ap}^{\ominus}$,则在其饱和溶液中的溶解度 S 的表达式为(　　)。

A. $S = \sqrt[3]{\dfrac{K_{ap}^{\ominus}}{4}}$ 　　　　　　　　　　B. $S = \sqrt{\dfrac{K_{ap}^{\ominus}}{2}}$

C. $S = \sqrt[3]{\dfrac{K_{ap}^{\ominus}}{2}}$ 　　　　　　　　　　D. $S = K_{ap}^{\ominus}$

2. AgCl 溶液在 $0.1\ mol \cdot L^{-1} HNO_3$ 溶液中的溶解度要比在水中的大,这种现象是由于(　　)引起的。

A. 同离子效应　　　　　　　　　　B. 盐效应

C. 酸效应　　　　　　　　　　　　D. 络合效应

3. 在 NaCl 饱和溶液中通入 HCl(g)时,NaCl(s)能沉淀析出的原因是( )。

A. 酸的存在降低了 $K_{sp}^{\ominus}$ (NaCl)的数值

B. 共同离子 Cl^- 使平衡移动,生成 NaCl(s)

C. HCl 是强酸,任何强酸都可以导致沉淀

D. $K_{sp}^{\ominus}$ (NaCl)不受酸的影响,但增加 Cl^- 离子浓度,能使 $K_{sp}^{\ominus}$(NaCl)减小

4. 沉淀溶解的条件是( )。

A. $Q_C = K_{sp}^{\ominus}$ B. $Q_C > K_{sp}^{\ominus}$

C. $Q_C < K_{sp}^{\ominus}$ D. 无法确定

5. 在含有 AgCl 沉淀的溶液中,加入足量的 Na_2S 溶液,则( )。

A. 白色沉淀   B. 既有白色沉淀又有黑色沉淀

C. 白色沉淀转变为黑色沉淀   D. 无现象

6. 某难溶电解质 S 和 $K_{sp}^{\ominus}$ 的关系是 $K_{sp}^{\ominus} = 4S^3$,它的分子式可能是( )。

A. AgCl   B. $CaCO_3$

C. $PbSO_4$ D. Ag_2CrO_3

7. 对于 A、B 两种难溶盐,若 A 的溶解度大于 B 的溶解度,则必有( )。

A. $K_{sp}^{\ominus}(A) < K_{sp}^{\ominus}(B)$ B. $K_{sp}^{\ominus}(A) > K_{sp}^{\ominus}(B)$

C. $K_{sp}^{\ominus}(A) \approx K_{sp}^{\ominus}(B)$ D. 不一定

8. 已知 NiS 的 $K_{sp}^{\ominus} = 3.0 \times 10^{-21}$,$H_2S$ 的 $K_{a1} = 9.1 \times 10^{-8}$,$K_{a2} = 1.1 \times 10^{-12}$,$H_2S$ 饱和溶液浓度为 0.10 mol·L^{-1}。将 H_2S 气体不断通入 0.10 mol·L^{-1} 的 $NiCl_2$ 与 2.0 mol·L^{-1}HCl 的混合溶液中,此时溶液中的 S^{2-} 浓度(mol·L^{-1})为多少?是否有 NiS 沉淀?( )

A. 1.1×10^{-12},有沉淀   B. 2.5×10^{-21},有沉淀

C. 1.1×10^{-12},无沉淀   D. 2.5×10^{-21},无沉淀

9. 下列叙述中,正确的是( )。

A. 用水稀释含有 AgCl 固体的溶液时,AgCl 的溶度积不变,其溶解度也不变

B. 溶度积大者,其溶解度就大

C. 难溶电解质溶液中离子浓度的乘积就是该物质的溶度积

D. 由于 AgCl 水溶液的导电性很弱,所以它是弱电解质

10. 莫尔法测定 Cl^- 含量时,要求介质的 pH 值在 6.5～10.0 范围内,若酸度过高则( )。

A. AgCl 沉淀不完全   B. AgCl 吸附 Cl^- 增强

C. Ag_2CrO_4 沉淀不易形成   D. AgCl 沉淀易胶溶

11. 在同浓度的 Cl^- 和 Br^- 中,加入 $AgNO_3$ 溶液,首先生成(　　)。

　　A. $AgBr$ 沉淀　　　　　　　　B. $AgCl$ 沉淀

　　C. 同时生成　　　　　　　　　　D. 无法确定

12. 在重量分析中,洗涤无定型沉淀的洗涤液应是(　　)。

　　A. 冷水　　　　　　　　　　　　B. 热的电解质溶液

　　C. 含沉淀剂的稀溶液　　　　　　D. 热水

13. 工业废水中常含有 Cu^{2+}、Cd^{2+}、Pb^{2+} 等重金属离子,可通过加入过量的难溶电解质 FeS、MnS,使这些金属离子形成硫化物沉淀除去。根据以上事实,可推知 FeS、MnS 具有的相关性质是(　　)。

　　A. 在水中的溶解能力小于 CuS、CdS、PbS

　　B. 在水中的溶解能力大于 CuS、CdS、PbS

　　C. 在水中的溶解能力与 CuS、CdS、PbS 相同

　　D. 二者均具有较强的吸附性

14. 下列有关分步沉淀叙述中正确的是(　　)。

　　A. 溶度积值小的先沉淀　　　　　B. 被沉淀离子浓度大的先沉淀

　　C. 溶解度小的先沉淀出来　　　　D. 沉淀时所需沉淀剂浓度小者先沉淀

15. 室温下,$AgCl$ 的溶解度是 $1.93×10^{-3}$ g·L^{-1},则 $AgCl$ 的溶度积为(　　)。

　　A. $1.8×10^{-1}$　　　　　　　　　B. $1.8×10^{-10}$

　　C. $1.93×10^{-3}$　　　　　　　　D. 193

16. 下列各沉淀反应,不属于银量法的是(　　)。

　　A. $Ag^+ + Cl^- === AgCl$　　　　　　B. $Ag^+ + I^- === AgI$

　　C. $2Ag^+ + S^{2-} === Ag_2S$　　　　　D. $Ag^+ + SCN^- === AgSCN$

17. 已知 $AgCl$、Ag_2CrO_4 的 $K_{sp}^{\ominus}$ 分别为 $1.8×10^{-10}$ 和 $1.1×10^{-12}$,若混合液中,$c(Cl^-) = c(CrO_4^{2-}) = 10^{-5}$ mol·L^{-1},当加入 Ag^+ 达 10^{-4} mol·L^{-1} 时,则会发生(　　)。

　　A. 只有 Ag_2CrO_4　　　　　　　B. 只有 $AgCl$ 沉淀

　　C. $AgCl$ 先沉淀　　　　　　　　D. 二者都沉淀

18. 在相同体积的下列溶液中,$SrCO_3$ 溶解得最多的是(　　)。

　　A. 纯水　　　　　　　　　　　　B. 0.02 mol·L^{-1} 的 K_2CO_3 溶液

　　C. 0.02 mol·L^{-1} 的 $SrCl_2$ 溶液　　D. 0.01 mol·L^{-1} 的 HCl 溶液

19. 在含有大量 PbI_2 的饱和溶液中存在着平衡 $PbI_2(s) === Pb^{2+}(aq) + 2I^-(aq)$,加入 KI 溶液,下列说法正确的是(　　)。

A. 沉淀溶解平衡向右移动　　　　　　　B. 溶度积常数 $K_{sp}^{\ominus}$ 增大

C. 溶液中 Pb^{2+} 浓度减小　　　　　　　D. 溶液中 Pb^{2+} 和 I^- 浓度都增大

20. 设 AgCl 在水中、在 $0.01\ mol\cdot L^{-1}\ NaCl$ 中、在 $0.01\ mol\cdot L^{-1}\ CaCl_2$ 中以及在 $0.05\ mol\cdot L^{-1}\ AgNO_3$ 中的溶解度分别为 S_0、S_1、S_2、S_3，这些数据之间的正确关系应是(　　　　)。

A. $S_0>S_1>S_2>S_3$　　　　　　　　B. $S_0>S_2>S_1>S_3$

C. $S_0>S_1=S_2>S_3$　　　　　　　　D. $S_0>S_2>S_3>S_1$

21. 对于不同的难溶金属硫化物(MS)来说，如果金属离子浓度相同，则溶度积愈小的金属硫化物，沉淀开始析出时的 pH 值(　　　)，沉淀完全时的 pH 值(　　　)。

A. 越小，越大　　　　　　　　　　　B. 越小，越小

C. 越大，越大　　　　　　　　　　　D. 越大，越小

22. 在 $AgNO_3$ 溶液中加入 100 mL 溶有 2.08 g $BaCl_2$ 的溶液，再加入 100 mL 溶有 0.010 mol $CuSO_4\cdot 5H_2O$ 的溶液，充分反应，下列说法正确的是(　　　　)。

A. 最终得到的溶液中，Cl^- 的物质的量为 0.020 mol

B. 最终得到白色沉淀和无色溶液

C. 最终得到的白色沉淀是等物质的量的两种化合物的混合物

D. 最终得到的溶液中，Cu^{2+} 的物质的量浓度为 0.010 mol

23. 测定银时为了保证使 AgCl 沉淀完全，应采取的沉淀条件是(　　　　)。

A. 加入适当过量的稀 HCl　　　　　　B. 加入饱和的 NaCl

C. 在冷却条件下加入 NH_4Cl+NH_3　　D. 加入浓 HCl

24. 一定温度下，在氢氧化钡的悬浊液中，存在氢氧化钡固体与其电离的离子间的溶解平衡关系：$Ba(OH)_2(s)\Longrightarrow Ba^{2+}+2OH^-$，向此种悬浊液中加入少量的氧化钡粉末，下列叙述正确的是(　　　　)。

A. 溶液中钡离子浓度减少　　　　　　B. 溶液中钡离子数目减小

C. 溶液中氢氧根离子浓度增大　　　　D. pH 值减小

25. 已知 AgCl、Ag_2CrO_4、$Ag_2C_2O_4$ 和 AgBr 的溶度积常数分别为 1.56×10^{-10}、1.1×10^{-12}、3.4×10^{-11} 和 5.0×10^{-13}。在下列难溶银盐的饱和溶液中，Ag^+ 浓度最大的是(　　　　)。

A. $Ag_2C_2O_4$　　　　　　　　　　　B. Ag_2CrO_4

C. AgB　　　　　　　　　　　　　　　D. AgCl

26. 难溶盐 A_mB_n 的离子积 $K_{sp}^{\ominus}=[c(A^{n+})]^m\cdot[c(B^{m-})]^n$，已知常温下 $BaSO_4$ 的溶解度为 2.33×10^{-4}g，则其 $K_{sp}^{\ominus}$ 为(　　　　)。

A. 2.33×10^{-4}　　　　　　　　　B. 1×10^{-5}

C. 1×10^{-12} D. 1×10^{-10}

27. 已知 $BaSO_4$ 的 $K_{sp}^{\ominus}=1.1\times10^{-10}$，将 50.00 mL 3.0×10^{-5} mol·L^{-1} $BaCl_2$ 溶液与 100.00 mL 4.5×10^{-5} mol·L^{-1} Na_2SO_4 溶液混合时，Ba^{2+} 被沉淀的百分数为（   ）。

A. 65%   B. 55%

C. 45%   D. 35%

28. 在沉淀滴定法中，佛尔哈德法所使用的指示剂为（   ）。

A. 甲基橙   B. $KMnO_4$

C. K_2CrO_4 D. $NH_4Fe(SO_4)\cdot12H_2O$

29. 在 $Ca(OH)_2$（$K_{sp}^{\ominus}=5.5\times10^{-6}$）、$Mg(OH)_2$（$K_{sp}^{\ominus}=1.2\times10^{-11}$）、$AgCl$（$K_{sp}^{\ominus}=1.56\times10^{-10}$）三种物质中，下列说法正确的是（   ）。

A. $Mg(OH)_2$ 的溶解度最小   B. $Ca(OH)_2$ 的溶解度最小

C. $AgCl$ 的溶解度最小   D. $K_{sp}^{\ominus}$ 最小的溶解度最小

30. 石灰乳中存在下列平衡：$Ca(OH)_2(s)\Longrightarrow Ca^{2+}(aq)+2OH^-(aq)$；加入下列溶液，可使 $Ca(OH)_2$ 减少的是（   ）。

A. NH_4Cl 溶液   B. KCl 溶液

C. $NaOH$ 溶液   D. $CaCl_2$ 溶液

31. 下列试剂能使 $BaSO_4$ 沉淀的溶解度增加的是（   ）。

A. 浓 HCl   B. 1 mol·L^{-1} NaOH

C. 1 mol·L^{-1} Na_2SO_4 D. 1 mol·L^{-1} $NH_3\cdot H_2O$

32. 下列说法正确的是（   ）。

A. 可以通过沉淀反应使杂质离子完全沉淀

B. 难溶电解质的溶度积越小，溶解度越大

C. 一定浓度的 NH_4Cl 溶液可以溶解 $Mg(OH)_2$

D. 难溶电解质的溶解平衡是一种静态平衡

33. K_2CrO_4 法测定铁时，与加入 H_2SO_4-H_3PO_4 的作用无关的是（   ）。

A. 掩蔽 Fe^{3+} B. 提高 $E(Fe^{3+}/Fe^{2+})$

C. 提供必要的酸度   D. 降低 $E(Fe^{3+}/Fe^{2+})$

34. 溶度积的数值反映了物质的溶解度，它与溶解度密切相关，两者之间可以相互换算，若以 mol·L^{-1} 作单位的溶解度大，则溶度积（   ）。

A. 变大   B. 变小

C. 不变   D. 无法确定

35. 用法扬司法测定卤化物时,为使滴定终点变色明显,则应该(　　)。

    A. 使被测离子的浓度大些

    B. 保持溶液为酸性

    C. 使胶粒对指示剂的吸附能力大于对被测离子的吸附能力

    D. 避光

36. 在饱和的 $CaSO_4$ 溶液中下列物质不存在的是(　　)。

    A. H_2SO_4 B. SO_4^{2-}

    C. H^+ D. Ca^{2+}

37. 应用莫尔法时,介质的 pH 应控制在(　　)。

    A. 强酸   B. 强碱

    C. 弱酸   D. 弱碱

38. 已知 $K_{sp}^{\ominus}[Mg(OH)_2] = 1.8 \times 10^{-11}$,则 $Mg(OH)_2$ 在 $pH = 12.00$ 的 NaOH 溶液中的溶解度为(　　)。

    A. 1.8×10^{-5} mol · L^{-1} B. 1.8×10^{-7} mol · L^{-1}

    C. 1.0×10^{-7} mol · L^{-1} D. 1.0×10^{-5} mol · L^{-1}

39. 已知 $Mg(OH)_2$ 的溶度积常数为 5.61×10^{-12},则常温下,$Mg(OH)_2$ 饱和溶液的 pH 值最接近于(　　)。

    A. 3.6   B. 4.4

    C. 9.5   D. 10.5

40. 硝酸银标准溶液需保存在(　　)。

    A. 玻璃瓶中   B. 棕色瓶中

    C. 塑料瓶中   D. 任何容器中

41. 分析某铬矿时,称取 0.5100 g 试样,生成 0.2615 g $BaCrO_4$,矿 Cr_2O_3 的质量分数为(　　)。

    A. 17.10%   B. 13.25%

    C. 15.38%   D. 12.36%

42. 在一定温度下,若向 Ag_2CrO_4 饱和溶液中加入 $AgNO_3$,则 Ag_2CrO_4 的溶解度将(　　)。

    A. 增大   B. 降低

    C. 不变   D. 不能判断

43. 以铬酸钾作指示剂,用 $AgNO_3$ 标准溶液直接滴定 CrO_4^{2-},会形成(　　)沉淀。

    A. 砖红色   B. 白色

C. 黄色　　　　　　　　　　　　　D. 红色

44. 常温下,AgCl、AgBr、AgI 的溶度积常数($K_{sp}^{\ominus}$)依次为 $1.8×10^{-10}$、$5.0×10^{-13}$、$8.3×10^{-17}$,下列有关说法错误的是(　　)。

A. 常温下在水中溶解能力 AgCl>AgBr>AgI

B. 在 AgCl 饱和液中加入足量浓 NaBr 溶液有 AgBr 沉淀生成

C. 在 AgI 饱和液中加入 NaI 固体有 AgI 沉淀析出

D. 在 AgBr 饱和溶液中加入足量浓 NaCl 溶液不可能有 AgCl 沉淀生成

45. 将 H_2S 气体通入 $0.10\ mol\cdot L^{-1}$ $FeCl_2$ 溶液中达到饱和,必须控制 pH (　　)才能阻止 FeS 沉淀。已知 $K_{sp}(FeS)=1.59×10^{-19}$,$H_2S$ 的 $K_{a1}=9.1×10^{-8}$,$K_{a2}=1.1×10^{-12}$,饱和 H_2S 浓度为 $0.1\ mol\cdot L^{-1}$。

A. $\leqslant 2.10$　　　　　　　　　　B. $\leqslant 1.10$

C. $\leqslant 4.10$　　　　　　　　　　D. $\leqslant 3.10$

46. 标定硝酸银溶液需用(　　)。

A. 分析纯的氯化钠　　　　　　　　B. 氯化钾

C. 氯化钙　　　　　　　　　　　　D. 基准氯化钠

47. 向含有 $CaSO_4(s)$ 的饱和 $CaSO_4$ 溶液中加水,下列叙述正确的是(　　)。

A. $K_{sp}^{\ominus}(CaSO_4)$ 增大　　　　　　B. $CaSO_4$ 的溶解度、$K_{sp}^{\ominus}$ 均增大

C. $CaSO_4$ 的溶解度增大　　　　　D. $CaSO_4$ 的溶解度、$K_{sp}^{\ominus}$ 均不变

48. $BaSO_4$ 的溶度积 $K_{sp}^{\ominus}=1.1×10^{-10}$,将 $0.1\ mol\cdot L^{-1}$ 的 $BaCl_2$ 溶液和 $0.01\ mol\cdot L^{-1}$ 的 H_2SO_4 溶液等体积混合,则溶液(　　)。

A. 不生成沉淀　　　　　　　　　　B. 生成沉淀

C. 生成沉淀后又溶解　　　　　　　D. 沉淀析出

49. 银量法中用铬酸钾做指示剂的方法又叫(　　)。

A. 莫尔法　　　　　　　　　　　　B. 沉淀法

C. 佛尔哈德法　　　　　　　　　　D. 法扬司法

50. $AgNO_3$ 在 pH=7.0 条件下滴定 Cl^- 离子的指示剂为(　　)。

A. K_2CrO_4　　　　　　　　　　　B. 荧光黄($pK_a=7.0$)

C. 二氯荧光黄($pK_a=4.0$)　　　　D. 曙红($pK_a=2.0$)

51. 溶度积与其他化学平衡常数一样,对于给定的难溶电解质来说,其浓度增大,则溶度积(　　)。

A. 增大　　　　　　　　　　　　　B. 减小

    C. 不变   D. 不能判断

52. 用 $AgNO_3$ 处理 $[Fe(H_2O)_5Cl]Br$ 溶液,产生的沉淀主要是(　　)。

    A. AgBr   B. AgCl

    C. AgBr 和 AgCl   D. $Fe(OH)_3$

53. $Cu(OH)_2$ 在水中存在着如下沉淀溶解平衡:$Cu(OH)_2(s) \rightleftharpoons Cu^{2+}(aq)+2OH^-(aq)$,在常温下 $K_{sp}^{\ominus}=2\times10^{-20}$。某 $CuSO_4$ 溶液中 $c(Cu^{2+})=0.02 \ mol \cdot L^{-1}$,在常温下如果要生成 $Cu(OH)_2$ 沉淀,需要向 $CuSO_4$ 溶液中加入碱溶液来调整溶液的 pH,使溶液的 pH 值大于(　　)。

    A. 6   B. 5

    C. 4   D. 3

54. 关于以 K_2CrO_4 为指示剂的莫尔法,下列说法正确的是(　　)。

    A. 莫尔法的选择性较强

    B. 滴定应在弱酸性介质中进行

    C. 指示剂 K_2CrO_4 的量越少越好

    D. 本法可测定 Cl^- 和 Br^-,但不能测定 I^- 或 SCN^-

55. 下列说法正确的是(　　)。

    A. 往 NaCl 饱和溶液中滴加浓盐酸,溶解平衡移动

    B. 降低温度,物质的溶解度都会减小

    C. 在饱和 NaCl 溶液中不存在溶解平衡

    D. 在任何溶液中都存在溶解平衡

56. 以下银量法测定需采用返滴定方式的是(　　)。

    A. 莫尔法测 Br^-

    B. 吸附指示剂法测 Cl^-

    C. 佛尔哈德法测 I^-

    D. $AgNO_3$ 滴定 CN^- 生成 $Ag[Ag(CN)_2]$ 指示终点

57. 莫尔法测定氯离子时,铬酸钾的实际用量为(　　)。

    A. $0.001 \ mol \cdot L^{-1}$ B. $0.1 \ mol \cdot L^{-1}$

    C. $0.02 \ mol \cdot L^{-1}$ D. $0.005 \ mol \cdot L^{-1}$

58. 0.1 mol MnS 溶于 1.0 L 乙酸中,则需要乙酸的最低浓度为(　　)。

    A. $1.87 \ mol \cdot L^{-1}$ B. $1.67 \ mol \cdot L^{-1}$

    C. $2.87 \ mol \cdot L^{-1}$ D. $2.67 \ mol \cdot L^{-1}$

59.下列说法中违背了无定型沉淀条件的是(　　)。

　　A.沉淀可在浓溶液中进行　　　　　　B.在沉淀后放置陈化沉淀

　　C.沉淀在热溶液中进行　　　　　　　D.不断搅拌下进行

60.指出下列条件适用于佛尔哈德法的是(　　)。

　　A.以铬酸钾为指示剂　　　　　　　　B.滴定酸度为 $0.1 \sim 1$

　　C.$pH = 6.5 \sim 10$　　　　　　　　D.以荧光黄为指示剂

二、判断题

1.溶度积 $K_{sp}^{\ominus}$ 和溶解度 S 二者概念不同,但都表示 1 L 难溶电解质饱和溶液中所含溶质的量。　　　　　　　　　　　　　　　　　　　　　　　　　　　　　　　(　　)

2.对同一类型的难溶强电解质,其溶度积较大者,溶解度也较大,反之亦然。(　　)

3.$Q_c < K_{sp}^{\ominus}$,是沉淀发生溶解的必要条件。　　　　　　　　　　　　(　　)

4.离子沉淀的先后次序只取决于沉淀物的 $K_{sp}^{\ominus}$。　　　　　　　　　　(　　)

5.银量法中常用的标准溶液是 $AgSCN$ 和 NH_4NO_3。　　　　　　　　　　(　　)

6.不是所有的沉淀反应都能用于滴定。　　　　　　　　　　　　　　　(　　)

7.以铬酸钾为指示剂,用 $AgNO_3$ 标准溶液直接滴定的银量法称为佛尔哈德法。

　　　　　　　　　　　　　　　　　　　　　　　　　　　　　　　(　　)

8.进行多种离子的分离时,难溶物的 $K_{sp}^{\ominus}$ 相差越大,分离越完全。　　(　　)

9.沉淀的溶解度一般随温度的升高而增加。　　　　　　　　　　　　　(　　)

10.生成难溶氢氧化物和难溶弱酸盐的沉淀反应,要使沉淀完全,除了选择并加入适当过量的沉淀剂外,还必须控制溶液的 pH 值。　　　　　　　　　　　　　(　　)

三、计算题

1.已知室温时如下盐的浓度,试求各盐的溶度积(不考虑水解):

(1)$AgBr$,7.1×10^{-7} mol $\cdot$ L^{-1};　　(2)BaF_2,6.3×10^{-3} mol $\cdot$ L^{-1}。

2.已知 CaF_2 的溶度积为 1.5×10^{-10},求 CaF_2:(1)在纯水中;(2)在 1×10^{-2} mol $\cdot$ L^{-1} NaF 溶液中;(3)在 1×10^{-2} mol $\cdot$ L^{-1} $CaCl_2$ 溶液中的溶解度(以 mol $\cdot$ L^{-1} 表示)。

3. 在 $1.0\ mol \cdot L^{-1} Mn^{2+}$ 盐溶液中含有少量 Pb^{2+},如今欲使 Pb^{2+} 形成 PbS 沉淀,而 Mn^{2+} 留在溶液中,从而达到分离目的,溶液中 S^{2-} 的浓度应控制在何范围? 若通入 H_2S 气体来实现上述目的,问溶液的 H^+ 浓度应控制在何范围?

$$[K_{sp}^{\ominus}(PbS)=9.0\times10^{-29}, K_{sp}^{\ominus}(MnS)=4.6\times10^{-14}, K_{a1}^{\ominus}(H_2S)=1.3\times10^{-7}, K_{sp}^{\ominus}(H_2S)=7.1\times10^{-15}]$$

4. 某溶液中含有 Fe^{3+} 和 Fe^{2+},其浓度都是 $0.050\ mol \cdot L^{-1}$,如果要使 $Fe(OH)_3$ 沉淀完全,Fe^{2+} 不生成 $Fe(OH)_2$ 沉淀,要如何控制溶液的 pH 值?

$$\{K_{sp}^{\ominus}[Fe(OH)_2]=4.9\times10^{-17}, K_{sp}^{\ominus}[Fe(OH)_3]=2.6\times10^{-39}\}$$

5. 溶液中含有 Ag^+ 和 Sr^{2+},它们的浓度均为 $1.0\times10^{-3}\ mol \cdot L^{-1}$,加入 K_2CrO_4 溶液,试通过计算说明哪一种离子先沉淀? 两者有无分离的可能? (不考虑体积变化)

$$[K_{sp}^{\ominus}(Ag_2CrO_4)=1.1\times10^{-12}, K_{sp}^{\ominus}(SrCrO_4)=2.2\times10^{-5}]$$

6. 用莫尔法测定生理盐水中的 NaCl 含量，准确量取生理盐水 10.00 mL，加入 K_2CrO_4 指示剂 0.5 ~ 1 mL，以 0.1045 mol·L^{-1} AgNO$_3$ 标准溶液滴至砖红色，共用去 AgNO$_3$ 标准溶液 14.58 mL，计算生理盐水中 NaCl 的含量(g·mL^{-1})。

7. 准确称取 KBr 试样 1.500 g，溶解后，转入 100 mL 容量瓶中定容，吸取 20.00 mL 于锥形瓶中，加入 0.1200 mol·L^{-1} AgNO$_3$ 30.00 mL 和新煮沸已冷却的 6 mol·L^{-1} HNO$_3$ 5 mL，摇匀。用铁铵矾作指示剂，以 0.1050 mol·L^{-1} NH$_4$SCN 标准溶液滴至显红色，用去 NH$_4$SCN 20.20 mL，试计算试样中 KBr 的质量分数。(KBr 试样中的杂质不会与 Ag$^+$ 产生反应)

第7章　配位平衡与配位滴定

内容提要

　　配位化合物是组成复杂、应用广泛的一类化合物,简称配合物。本章介绍了配合物的基本概念、组成单元、命名以及配合物的价键理论,同时讲解了配位平衡及移动,运用稳定常数进行配位平衡的有关计算,配位滴定的基本概念、基本原理和有关应用。

7.1　基本概念

　　配位化合物的组成通常可分为内界和外界两部分,内界——配离子是其特征组成部分。

　　配离子由中心离子和配体结合而成。配体中直接与中心离子键合的配位原子总数称为配位数。中心离子的电荷数是决定配位数的主要因素,而中心离子的半径、配体的半径及电荷对配位数也有一定的影响。

　　配离子的电荷数等于中心离子电荷数与所有配体电荷数的代数和。

　　配离子的几何形状取决于中心离子杂化轨道的类型。

7.2　配合物的价键理论

　　中心离子以一组空的杂化轨道与若干配位原子的孤对电子轨道重叠,构成配位键。

　　外轨型配合物:中心离子以最外层的轨道组成杂化轨道后和配位原子形成配位键而生成的配合物。

　　内轨型配合物:中心离子以部分次外层轨道参与组成杂化轨道形成配位键而生成的配合物。

　　内轨型配合物的特点:含有能量较低的次外层轨道成分,杂化轨道能量较低,配合物稳定性较高。当次外层空轨道是由电子重排后腾出时,则配合物的未成对电子数目较中心离子原本的少(磁矩 μ 降低)。

内轨型配合物形成的条件:中心离子次外层有空轨道(原本就有或电子重排后有);中心离子电荷较多;配位原子电负性较小。

$\mu=0$ 的物质,其中电子皆已成对,具有反磁性。$\mu>0$ 的物质,其中有未成对电子,具有顺磁性。

7.3 配位平衡的有关计算

(1)配位反应平衡时,金属离子浓度的计算。如配位反应

$$Ag^+ + 2CN^- \rightleftharpoons Ag(CN)_2^-$$

平衡时
$$K_f^{\ominus} = \frac{c[Ag(CN)_2^-]}{c(Ag^+) \cdot c^2(CN^-)}$$

若已知 $Ag(CN)_2^-$ 和 CN^- 的平衡浓度,即可计算出 Ag^+ 的平衡浓度。

(2)配位平衡与沉淀溶解平衡达成的多重平衡有关计算。

反应
$$AgCl(s) + 2CN^- \rightleftharpoons Ag(CN)_2^- + Cl^-$$

平衡时
$$K_j^{\ominus} = \frac{c[Ag(CN)_2^-] \times c(Cl^-)}{c^2(CN^-)} \times \frac{c(Ag^+)}{c(Ag^+)} = K_f^{\ominus}[Ag(CN)_2^-] \times K_{sp}^{\ominus}(AgCl)$$

即
$$K_j^{\ominus} = K_f^{\ominus}[Ag(CN)_2^-] \times K_{sp}^{\ominus}(AgCl)$$

根据 $K_j^{\ominus}$ 值的大小可判断反映趋势的强弱,并可进行有关计算。非平衡状态时,可以计算反应商(Q_c),比较 Q_c 和 $K^{\ominus}$ 的大小可推测沉淀的溶解或生成。

7.4 EDTA 与金属离子的配合物

在配位滴定中应用最广泛的是 EDTA,即乙二胺四乙酸,常用 H_4Y 表示。EDTA 的配位能力很强,它能通过两个 N 原子,四个 O 原子共六个配位原子与金属离子结合,形成具有五个五原子环的螯合物。一般情况下,EDTA 与一至四价金属离子能形成 1:1 易溶于水的螯合物。

7.5 配位滴定条件的选择

7.5.1 配位滴定能否进行的判据(只考虑酸效应)

$$\lg K_f^{\ominus'}(MY) = \lg K_f^{\ominus}(MY) - \lg \alpha_{Y(H)} \geqslant 8 \quad \text{或} \quad c(M)K_f^{\ominus'} \geqslant 10^6$$

干扰离子(N)存在下能滴定的判据

$$\frac{c(\mathrm{M})K_f^{\ominus\prime}(\mathrm{MY})}{c(\mathrm{N})K_f^{\ominus\prime}(\mathrm{NY})} \geqslant 10^5$$

7.5.2 最高酸度的确定(只考虑酸效应)

根据 $\lg K_f^{\ominus\prime}(\mathrm{MY}) = \lg K_f^{\ominus}(\mathrm{MY}) - \lg\alpha_{Y(H)} = 8$

则有 $\lg\alpha_{Y(H)} = \lg K_f^{\ominus}(\mathrm{MY}) - 8$

依上式,可以计算出用 EDTA 滴定各种金属离子的 $\alpha_{Y(H)}$ 值。据此查得 pH 值即为准确滴定这一金属离子允许的最高酸度。滴定时酸度也不是越低越好,因为随着酸度的降低,水解副反应加剧。

7.5.3 指示剂的选择

作为金属指示剂,应具备下述条件:

(1)在满足滴定的酸度条件下,指示剂与金属离子形成的配合物(MIn)与指示剂的颜色要有明显的区别,利于终点判断。

(2)MIn 要有适当的稳定性,一般要求: $K_f^{\ominus}(\mathrm{MIn}) > 10^4$, $K_f^{\ominus}(\mathrm{MY})/(\mathrm{MIn}) > 10^2$。

(3)金属指示剂与金属离子的反应迅速,MIn 应易溶于水。

7.6 配位滴定分析结果的计算

配位剂与多数金属离子都是 1∶1 配合的,没有复杂的计量关系,运算简单。

 练习题

7.1 基本概念

一、选择题

1.下列配合物中属于弱电解质的是( )。

A. $[\mathrm{Ag(NH_3)_2}]\mathrm{Cl}$ B. $\mathrm{K_3(FeF_6)}$

C. $[\mathrm{Co(en)_3}]\mathrm{Cl_2}$(en 为乙二胺)   D. $[\mathrm{PtCl_2(NH_3)_2}]$

2. 下列命名正确的是(　　　)。

A. $[Co(ONO)(NH_3)_5Cl]Cl_2$ 亚硝酸根二氯·五氨合钴(III)

B. $[Co(NO_2)_3(NH_3)_3]$ 三亚硝基·三氨合钴(III)

C. $[CoCl_2(NH_3)_3]Cl$ 氯化二氯·三氨合钴(III)

D. $[CoCl_2(NH_3)_4]Cl$ 氯化四氨·氯气合钴(III)

3. 配位数是(　　　)。

A. 中心离子(或原子)接受配位体的数目

B. 中心离子(或原子)与配位离子所带电荷的代数和

C. 中心离子(或原子)接受配位原子的数目

D. 中心离子(或原子)与配位体所形成的配位键数目

4. 在配位化合物 $[CoCl_2(NH_3)_3]Cl$ 中,Co 配位数为(　　　)。

A. 3

B. 4

C. 5

D. 6

5. 在配位化合物 $[Co(en)_3]Cl_2$ 中,Co 配位数为(　　　)。

A. 3

B. 5

C. 6

D. 8

6. 已知某化合物的组成为 $CoCl_3 \cdot 5NH_3 \cdot H_2O$,其水溶液显弱酸性,加入强碱并加热至沸,有氨放出,同时产生三氧化二钴的沉淀;加 $AgNO_3$ 于另一份该化合物的溶液中,有 AgCl 沉淀生成,过滤后,再加入 $AgNO_3$ 而无变化,但加热至沸又产生 AgCl 沉淀,其重量为第一次沉淀量的 50%,故该化合物的化学式为(　　　)。

A. $[CoCl_2(NH_3)_5]Cl \cdot H_2O$

B. $[Co(NH_3)H_2O]Cl_3$

C. $[CoCl(NH_3)_5]Cl_2 \cdot H_2O$

D. $[CoCl_2(NH_3)_4]Cl \cdot NH_3 \cdot H_2O$

二、判断题

1. 所有配合物都由内界和外界组成。　　　　　　　　　　　　　　(　　　)

2. 配位数是中心离子(或原子)接受配位体的数目。　　　　　　　　(　　　)

3. 配位化合物 $K_3[Fe(CN)_5CO]$ 的名称是五氰根·一氧化碳合铁(II)酸钾。　(　　　)

4. 配合物中由于存在配位键,所以配合物都是弱电解质。　　　　　　(　　　)

5. 同一种中心离子与有机配位体形成的配合物往往要比与无机配位体形成的配合物更稳定。　　　　　　　　　　　　　　　　　　　　　　　　　(　　　)

6. 配合物的配位体都是带负电荷的离子,可以抵消中心离子的正电荷。　(　　　)

7. 在配合物中一定没有离子键。　　　　　　　　　　　　　　　　　(　　　)

8. 配离子的配位键越稳定,其稳定常数越大。　　　　　　　　　　　(　　　)

7.3 配位平衡的有关计算

一、选择题

1. 在硫酸铜的氨溶液中，已知有一半铜离子形成了配离子，且平衡时自由氨的浓度为 5.0×10^{-4} mol·L^{-1}，则 $[Cu(NH_3)_4]^{2+}$ 的稳定常数等于( )。

  A. 4.0×10^{14} B. 2.0×10^{15}

  C. 6.3×10^{16} D. 1.6×10^{13}

2. 已知 $K_f^{\ominus}[Ag(NH_3)_2]^+ = 1.12 \times 10^7$，则在含有 0.10 mol·L^{-1} 的 $[Ag(NH_3)_2]^+$ 和 1.0 mol·L^{-1} 的 NH_3 混合溶液中，Ag^+ 离子的浓度(mol·L^{-1})为( )。

  A. 5.9×10^{-9} B. 8.9×10^{-9}

  C. 4.6×10^{-9} D. 7.3×10^{-9}

3. 已知 $K_f^{\ominus}[Ag(CN)_2]^- = 1.26 \times 10^{21}$，则在含有 0.10 mol·L^{-1} 的 $[Ag(CN)_2]^-$ 和 0.10 mol·L^{-1} 的 KCN 溶液中，Ag^+ 离子的浓度(mol·L^{-1})为( )。

  A. 7.9×10^{-21} B. 7.9×10^{-22}

  C. 1.26×10^{-21} D. 1.26×10^{-22}

4. 已知 $K_{sp}^{\ominus}(AgCl) = 1.56 \times 10^{-10}$，$K_f^{\ominus}[Ag(NH_3)_2]^+ = 1.12 \times 10^7$。在 1.0 L 氨水中溶解 0.10 mol 的 $AgCl$，NH_3 的最初浓度(mol·L^{-1})( )。

  A. >2.4 B. <2.4

  C. >2.6 D. <2.6

二、判断题

1. 根据稳定常数的大小，即可比较不同配合物的稳定性，即 K_f 越大，该配合物越稳定。

                       ( )

2. $[Cu(NH_3)_3]^{2+}$ 的积累稳定常数是反应 $[Cu(NH_3)_2]^{2+} + NH_3 \Longrightarrow [Cu(NH_3)_3]^{2+}$ 的平衡常数。   ( )

3. 已知 $[HgI_4]^{2-}$ 的 $K_f^{\ominus} = K_1$，$[HgCl_4]^{2-}$ 的 $K_f^{\ominus} = K_2$，则反应 $[HgCl_4]^{2-} + 4I^- \Longrightarrow [HgI_4]^{2-} + 4Cl^-$ 的平衡常数为 K_1/K_2。   ( )

7.4 EDTA 与金属离子的配合物

一、选择题

1. 在 EDTA 溶液以 Y^{4-} 形式存在的分布系数 $\delta(Y^{4-})$，下列表述正确的是( )。

  A. $\delta(Y^{4-})$ 随酸度减小而增大   B. $\delta(Y^{4-})$ 随 pH 增大而减小

C.$\delta(Y^{4-})$随酸度增大而增大　　　　D.$\delta(Y^{4-})$与 pH 无关

2. 在配位滴定中,金属离子与 EDTA 形成配合物越稳定,在滴定时允许的 pH 值(　　)。

A. 越高　　　　　　　　　　　B. 越低

C. 中性　　　　　　　　　　　D. 不要求

3. 0.010 mol·L^{-1}的 M^{2+}与等体积 0.010 mol·L^{-1}的 Na$_2$H$_2$Y 反应完全后,溶液 pH 值约为($K_{MY}^{\ominus} = 1.0 \times 10^{20}$)(　　)。

A. 2.00　　　　　　　　　　　B. 1.70

C. 3.00　　　　　　　　　　　D. 1.40

4. 在沉淀中加入 EDTA,下列哪种情况最利于沉淀的溶解(　　)。

A. $K_{MY}^{\ominus}$越大,$K_{sp}^{\ominus}$越大　　　　　　B. $K_{MY}^{\ominus}$越大,$K_{sp}^{\ominus}$越小

C. $K_{MY}^{\ominus}$越小,$K_{sp}^{\ominus}$越大　　　　　　D. $K_{MY}^{\ominus}$越小,$K_{sp}^{\ominus}$越小

二、判断题

1. EDTA 滴定法,目前之所以能够广泛被应用的主要原因是由于它能与绝大多数金属离子形成 1:1 的稳定性较高配合物。　　　　　　　　　　　　　　　　(　　)

2. 能形成无机配合物的反应虽然很多,但由于大多数无机配合物的稳定性不高,而且还存在分步配位的缺点,因此能用于配位滴定的并不多。　　　　　　　(　　)

3. 金属指示剂与金属离子生成的配合物越稳定,测定准确度越高。　　　(　　)

7.5　配位滴定条件的选择

一、选择题

1. EDTA 滴定中,选择金属指示剂应符合的条件有(　　)。

A. 在任何 pH 下,指示剂的游离色(In$^-$)要与配合色(MIn)不同

B. MIn 应不溶于水

C. $K'_{MY} > K'_{MIn}$

D. 滴定的 pH 与指示剂变色的 pH 相同

2. 用 EDTA 作滴定剂时,下列叙述中错误的是(　　)。

A. 在酸度较高的溶液中,可形成 MHY 配合物

B. 在碱性较高的溶液中,可形成 MOHY 配合物

C. 不论形成 MHY 或 MOHY,均有利于配位滴定反应

D. 不论溶液 pH 值大小,只形成 MY 一种形式配合物

3.配位滴定时,选用指示剂应使K'_{MIn}适当小于K'_{MY},若K'_{MY}过小,$K'_{MY}<K'_{MIn}$会使指示剂(　　　)。

    A.变色过晚　　　　　　　　B.变色过早

    C.不变色　　　　　　　　　D.无影响

二、判断题

1.酸效应和其他组分的副反应是影响配位平衡的主要因素。　　　　　　　　(　　)

2.EDTA滴定某种金属离子的最高pH可以在酸效应曲线上方便地查出。　　(　　)

3.EDTA滴定中,消除共存离子干扰的通用方法是控制溶液的酸度。　　　　(　　)

4.若是两种金属离子与EDTA形成的配合物的$\lg K_{MY}$值相差不大,也可以利用控制溶液酸度的方法达到分步滴定的目的。　　　　　　　　　　　　　　　　　　　　(　　)

5.在两种金属离子M、N共存时,如能满足$\Delta \lg K \geq 5$,则测定M离子时,N离子的干扰很小。　　　　　　　　　　　　　　　　　　　　　　　　　　　　　　　　(　　)

6.Al^{3+}和Fe^{3+}共存时,可以通过控制溶液pH,先测定Fe^{3+},然后提高pH,再用EDTA直接滴定Al^{3+}。　　　　　　　　　　　　　　　　　　　　　　　　　　　　(　　)

复习思考题

一、选择题

1.EDTA法测定水的钙硬度是在pH=(　　　)的缓冲溶液中进行的。

    A.12～13　　　　　　　　　B.6～7

    C.8～10　　　　　　　　　　D.4～5

2.EDTA准确滴定单一金属离子的条件是(　　　)。

    A.$\lg c_M K'_{MY} \geq 8$　　　　　　　B.$\lg c_M K'_{MY} \geq 8$

    C.$\lg c_M K'_{MY} \geq 6$　　　　　　　D.$\lg c_M K'_{MY} \geq 6$

3.一个配位反应要直接用于滴定分析,下列说法正确的是(　　　)。

    A.$\lg c_M K'_{MY} \leq 6$　　　　　　　B.无干扰离子

    C.有变色敏锐无封闭作用的指示剂　　D.在酸性溶液中进行

4.EDTA滴定Zn^{2+}时,加入NH_3-NH_4Cl的作用是(　　　)。

    A.防止干扰　　　　　　　　B.控制溶液的pH值

    C.使金属离子指示剂变色更敏锐　　D.加大反应速度

5.用浓度为$0.02000 \ mol \cdot L^{-1}$的EDTA标准溶液测定水的总硬度,已知原料水样为

100 mL,EDTA 溶液用去 4.00 mL,水的总硬度为(　　　)。(用 $CaCO_3$ mg·L^{-1} 表示)

    A.20 mg·L^{-1} B.40 mg·L^{-1}

    C.60 mg·L^{-1} D.80 mg·L^{-1}

6.配位滴定终点所呈现的颜色是(　　　)。

    A.金属指示剂与待测金属离子形成配合物的颜色

    B.EDTA 与待测金属离子形成配合物的颜色

    C.游离金属指示剂的颜色

    D.待测金属离子的颜色

7.在 EDTA 配位滴定中,下列有关酸效应系数的叙述,正确的是(　　　)。

    A.酸效应系数越大,配合物的稳定性越大

    B.酸效应系数越小,配合物的稳定性越大

    C.pH 值越大,酸效应系数越大

    D.酸效应系数越大,配位滴定曲线的 pM 突跃范围越大

8.以配位滴定法测定 Pb^{2+} 时,消除 Ca^{2+}、Mg^{2+} 干扰最简便的方法是(　　　)。

    A.配位掩蔽法   B.控制酸度法

    C.沉淀分离法   D.解蔽法

9.EDTA 的有效浓度与酸度有关,它随着溶液 pH 值增大而(　　　)。

    A.先增大后减小   B.减小

    C.不变   D.增大

10.EDTA 法测定水的总硬度是在 pH=(　　　)的缓冲溶液中进行的。

    A.4~5   B.6~7

    C.10 左右   D.12~13

11.用 EDTA 测定 SO_4^{2-} 时,应采用的方法是(　　　)。

    A.直接滴定   B.间接滴定

    C.返滴定   D.连续滴定

12.产生金属指示剂的僵化现象是因为(　　　)。

    A.指示剂不稳定   B.MIn 溶解度小

    C.$K'_{MIn} < K'_{MY}$ D.$K'_{MIn} > K'_{MY}$

13.产生金属指示剂的封闭现象是因为(　　　)。

    A.指示剂不稳定   B.MIn 溶解度小

    C.$K'_{MIn} < K'_{MY}$ D.$K'_{MIn} > K'_{MY}$

14.配位滴定所用的金属指示剂同时也是一种(　　　)。

A.掩蔽剂 B.氧化剂

C.配位剂 D.弱酸弱碱

15.使滴定产物 MY 稳定性增加,有利于滴定主反应进行的副反应有( )。

A.酸效应 B.共存离子效应

C.水解效应 D.混合配位效应

16.在 Fe^{3+}、Al^{3+}、Ca^{2+}、Mg^{2+} 混合溶液中,用 EDTA 滴定法测定 Fe^{3+}、Al^{3+} 的含量时,为了消除 Ca^{2+}、Mg^{2+} 的干扰,最简便的方法是( )。

A.沉淀分离法 B.控制酸度法

C.配位掩蔽法 D.溶剂萃取法

17.我国目前普遍使用水硬度的表示是以 CaO 为基准物质确定的,1 度(也称德国度)为 1 L 水中含有( )。

A.1 g CaO B.0.1 g CaO

C.0.01 g CaO D.0.001 g CaO

18.配位滴定中,使用金属指示剂二甲酚橙,要求溶液的酸度条件是( )。

A.pH=6.3 ~ 11.6 B.pH=6.0

C.pH>6.0 D.pH<6.0

19.用 EDTA 标准滴定溶液滴定金属离子 M,若要求相对误差小于 0.1%,则要求( )。

A.$c_M K'_{MY} \geqslant 10^6$ B.$c_M K'_{MY} \leqslant 10^6$

C.$K'_{MY} \geqslant 10^6$ D.$K'_{MY} \alpha_{Y(H)} \geqslant 10^6$

20.配位滴定中需加入缓冲溶液,下列有关原因的叙述,不正确的是( )。

A.EDTA 配位能力与酸度有关

B.金属指示剂在适宜的酸度范围才稳定

C.EDTA 与金属离子反应过程中会释放出 H^+

D.K'_{MY} 会随酸度改变而改变

21.测定水中钙硬时,Mg^{2+} 的干扰用的是( )消除的。

A.控制酸度法 B.配位掩蔽法

C.氧化还原掩蔽法 D.沉淀掩蔽法

22.与配位滴定所需控制的酸度无关的因素为( )。

A.金属离子颜色 B.酸效应

C.羟基化效应 D.指示剂的变色

23.金属离子与 EDTA 多数是以( )的关系配位的。

A. 1 : 5   B. 1 : 4

C. 1 : 2   D. 1 : 1

24. 配位滴定中, 下列有关酸效应的叙述, 正确的是(　　)。

A. 配合物的稳定性与酸效应无关

B. 酸效应越弱, 条件稳定常数越小

C. 溶液的 pH 值越大, 酸效应越弱

D. 溶液的酸度越小, 酸效应越强

25. 影响 EDTA 配合物稳定性的因素之一是酸效应。酸效应是指(　　)。

A. 加入酸使溶液酸度增加的现象

B. 酸能使金属离子配位能力降低的现象

C. 酸能抑制金属离子水解的现象

D. 酸能使配位体配位能力降低的现象

26. 在配位滴定法中, 无配位效应发生时, 下列有关条件稳定常数的叙述, 正确的是(　　)。

A. 酸效应系数越大, 条件稳定常数越大

B. 溶液的 pH 值越低, 条件稳定常数越小

C. 配合物的条件稳定常数总是大于其绝对稳定常数

D. 配位滴定曲线的 pM 突跃大小与条件稳定常数无关

27. 金属指示剂一般为有机弱酸或弱碱, 它具有酸碱指示剂的性质, 同时它也是(　　)。

A. 有颜色的金属离子   B. 无颜色的金属离子

C. 金属离子的配位剂   D. 金属离子的氧化剂

28. 用 EDTA 直接滴定无色金属离子, 终点所呈现的颜色是(　　)。

A. 游离指示剂的颜色   B. EDTA-金属离子配合物的颜色

C. 指示剂-金属离子配合物的颜色   D. 金属离子的颜色

29. 用 EDTA 直接滴定硫酸镁水溶液中的 Mg^{2+}, 以铬黑 T 为指示剂, 终点所呈现的颜色是(　　)。

A. 紫红色   B. 纯蓝色

C. 无色   D. A+B 的混合色

30. 以铁铵矾为指示剂, 用 NH_4SCN 标准液滴定 Ag^+ 时, 应在下列哪种条件下进行?(　　)

A. 弱碱性   B. 中性

C. 碱性 　　　　　　　　　D. 酸性

31. 在非缓冲溶液中用 EDTA 滴定金属离子时,溶液的 pH 值将(　　)。

A. 升高 　　　　　　　　　B. 降低

C. 不变 　　　　　　　　　D. 与金属离子价态有关

32. 当 M 与 N 离子共存时,欲以 EDTA 滴定其中的 M 离子。当 $c_N=10c_M$ 时,要准确滴定 M,则要求 $\lg K_{MY}-\lg K_{NY}$ 值应≥(　　)。

A. 5 　　　　　　　　　B. 6

C. 7 　　　　　　　　　D. 8

33. 配位滴定法测 Mg^{2+} 时,用铬黑 T 作指示剂,若有 Fe^{3+} 的干扰,可加入少量的(　　)掩蔽。

A. 乙二胺 　　　　　　　　B. 三乙醇胺

C. 盐酸羟胺 　　　　　　　D. 抗坏血酸

34. 标定 EDTA 常用的基准物质是(　　)。

A. Na_2CO_3 　　　　　　　B. $K_2Cr_2O_7$

C. $AgNO_3$ 　　　　　　　D. ZnO

35. 下列物质中,常被用作配体的是(　　)。

A. NH_4^+ 　　　　　　　B. H_3O^+

C. NH_3 　　　　　　　D. CH_4

36. 下列阳离子中,与氨能形成稳定配离子的是(　　)。

A. Ca^{2+} 　　　　　　　B. Fe^{2+}

C. K^+ 　　　　　　　D. Cu^{2+}

37. 用 $AgNO_3$ 处理 $[FeCl(H_2O)_5]Br$ 溶液,所产生的沉淀主要是(　　)。

A. AgBr 　　　　　　　B. AgCl

C. AgBr 和 AgCl 　　　　D. $Fe(OH)_2$

38. 在 $[Cu(NH_3)_4]^{2+}$ 配离子中,Cu^{2+} 的氧化数和配位数各为(　　)。

A. +2 和 4 　　　　　　　B. 0 和 3

C. +4 和 2 　　　　　　　D. +2 和 8

39. 在 $[Pt(en)_2]^{2+}$ 中,Pt 的氧化数和配位数各为(　　)。(en 为乙二胺)

A. +2 和 2 　　　　　　　B. +4 和 4

C. +2 和 4 　　　　　　　D. +4 和 2

40. 金属离子 M^{n+} 形成分子式为 $[ML_2]^{(n-4)+}$ 的配离子,式中 L 为二齿配体,则 L 携带的电荷是(　　)。

A. +2   B. 0

C. -1   D. -2

41. 为了提高配位滴定的选择性,采取的措施之一是设法降低干扰离子的浓度,其作用叫作(　　)。

    A. 掩蔽作用   B. 解蔽作用

    C. 加入有机试剂   D. 控制溶液的酸度

42. EDTA 在不同 pH 值条件下的酸效应系数分别是:pH = 4、6、8、10 时,$\lg\alpha_{Y(H)}$ 是 8.44、4.65、2.27、0.45,已知 $\lg K_{MgY} = 8.7$,设无其他副反应,确定用 EDTA 直接准确滴定 Mg^{2+} 的酸度为(　　)。

    A. pH = 4   B. pH = 6

    C. pH = 8   D. pH = 10

43. 金属离子与 EDTA 和指示剂形成配合物的稳定常数之比(K_{MY}/K_{MIn})要(　　),指示剂才能正确地指示终点的到达。

    A. $>10^2$ B. $<10^2$

    C. $\geq 10^7$ D. $\leq 10^2$

44. 用钙指示剂在 Ca^{2+}、Mg^{2+} 的混合液中直接滴定 Ca^{2+},溶液的 pH 值必须达到(　　)。

    A. 4   B. 12

    C. 10   D. 8

45. 金属指示剂大多是具有双键的化合物,易分解,为了防止指示剂变质,常将指示剂与(　　)按比例配成固体混合物使用。

    A. 中性盐   B. 酸式盐

    C. 碱式盐   D. 还原剂

46. EDTA 法测定 M^{n+} 时,pH 值越大,EDTA 的酸效应越小,$\lg K'_{MY}$ 就越大。但是,溶液的 pH 值仍应控制在一定范围内,这是因为 pH 值过大(　　)。

    A. M^{n+} 水解   B. 生成物不稳定

    C. 滴定突跃过小   D. 没有合适的指示剂

47. 某溶液主要含有 Ca^{2+}、Mg^{2+} 及少量 Fe^{3+}、Al^{3+},今在 pH 值为 10 时,加入三乙醇胺后以 EDTA 滴定,用铬黑 T 为指示剂,则测出的是(　　)。

    A. Mg^{2+} 含量   B. Ca^{2+} 含量

    C. Ca^{2+}、Mg^{2+} 总量   D. 金属离子总量

48. 配位滴定曲线一般应为(　　)曲线。

A. pH-滴定剂加入量   B. 吸光度-浓度

C. pM-滴定剂加入量   D. E-滴定剂加入量

49. 酸效应曲线就是(　　)作图而得的曲线。

A. $pH-lg\alpha_{Y(H)}$ B. $pH-lg\alpha_{M(A)}$

C. $pH-lgK_{MY}$ D. $pH-lgK'_{MY}$

50. 在 EDTA 配位滴定中,下列关于酸效应的叙述正确的是(　　)。

A. $\alpha_{Y(H)}$越小,配合物稳定性越小

B. $\alpha_{Y(H)}$越大,配合物稳定性越大

C. pH 值越高,$\alpha_{Y(H)}$越小

D. $\alpha_{Y(H)}$越小,配位滴定曲线的 pM 突跃越小

51. 测定水的硬度,常用的化学分析方法是(　　)。

A. 碘量法   B. 重铬酸钾法

C. EDTA 法   D. 酸碱滴定法

52. 在配位滴定中,条件稳定常数 K'_{MY} 总是比原来的绝对稳定常数 K_{MY} 小,这主要是因为(　　)。

A. 生成物发生副反应   B. pH>12

C. M、Y 均可能发生副反应   D. 溶液 pH 值过高

53. 已知 $M(CaO)=56.0\ g\cdot mol^{-1}$,将 0.56 g 含 Ca 试样溶成 250 mL 试液,取 25 mL,用 0.02000 $mol\cdot L^{-1}$ EDTA 滴定,消耗 30 mL,则试样中 CaO 含量约为(　　)。

A. 6%   B. 60%

C. 12%   D. 30%

54. 配位滴定中,微量 Fe^{3+}、Al^{3+} 对铬黑 T 指示剂有(　　)。

A. 僵化作用   B. 氧化作用

C. 封闭作用   D. 沉淀作用

55. 下列关于配体的说法不正确的是(　　)。

A. 配体中含弧电子对的、与中心离子形成配位键的原子称为配位原子

B. 配位原子是多电子原子,常见的是 VA、ⅥA、ⅦA 等主族元素的原子

C. 只含一个配位原子的配体称单齿配体

D. 含两个配位原子的配体称螯合剂

56. 关于螯合物的叙述不正确的是(　　)。

A. 螯合物的配体是多齿配体,它与中心离子形成一环状结构

B. 从简单配合物生成螯合物时体系熵值增加,故螯合物稳定性高

C. 以螯合剂中配位原子相隔越远,形成的环越大,则形成的螯合物越稳定

D. 螯合物中螯环越多越稳定

57. 下列物质中,难溶于 $Na_2S_2O_3$ 溶液而易溶于 KCN 溶液的是(　　)。

    A. AgCl　　　　　　　　　　　B. AgBr

    C. AgI　　　　　　　　　　　　D. Ag_2S

58. 在 EDTA 滴定过程中若不使用缓冲溶液,则随着 EDTA 的滴加(　　)。

    A. 被测定金属离子与 EDTA 形成配合物的稳定性会逐渐提高

    B. 溶液的 pH 值会逐渐提高

    C. 溶液的 pH 值会逐渐降低

    D. 金属离子指示剂将会出现封闭现象

59. 在 pH = 10 时用 Zn^{2+} 标定 EDTA 标准溶液,以铬黑 T 为指示剂,则滴定终点时溶液的颜色变化为(　　)。

    A. 蓝色变为酒红色　　　　　　B. 酒红色变为蓝色

    C. 黄色变为橙色　　　　　　　D. 无色变为红色

60. 已知某金属指示剂的颜色变化和 $pK_a^{\ominus}$ 值如下:

H_3In ———— H_2In^- ———— HIn^{2-} ———— In^{3-}

紫红 $pK_{a1}^{\ominus} = 6.0$　　蓝 $pK_{a2}^{\ominus} = 10.0$　　橙红 $pK_{a3}^{\ominus} = 12.0$　　　红_____

该指示剂与金属离子形成的配合物为红色,问该金属指示剂用于配位滴定使用的 pH 范围是多少?(　　)

    A. pH<6.0　　　　　　　　　　B. pH = 6.0 ~ 10.0

    C. pH = 10.0 ~ 12.0　　　　　　D. pH>12.0

61. 用 EDTA 标准溶液滴定浓度均为 $1.0 \times 10^{-2} mol \cdot L^{-1}$ 的 Mn^{2+}、Cd^{2+}、Fe^{3+}、Cu^{2+} 的溶液。该溶液的 pH = 4.5 时,$lg\alpha_{Y(H)} = 7.4$。已知:$lgK_f^{\ominus}(MnY) = 13.9$,$lgK_f^{\ominus}(CdY) = 16.5$,$lgK_f^{\ominus}(FeY) = 25.1$,$lgK_f^{\ominus}(CuY) = 18.8$,若仅考虑酸效应,不能被准确滴定的离子是(　　)。

    A. Mn^{2+}　　　　　　　　　　B. Cd^{2+}

    C. Fe^{3+}　　　　　　　　　　　D. Cu^{2+}

62. 金属指示剂应具备的条件是(　　)。

    A. $lgK_f^{\ominus}(MY) - lgK_f^{\ominus}(MIn) \geqslant 2$　　　　B. $lgK_f^{\ominus}(MY) - lgK_f^{\ominus}(MIn) \leqslant 2$

    C. MIn 与 In 的颜色尽量接近　　　D. MIn 应不溶于水

63. EDTA 的酸效应系数 α_Y 在一定酸度下等于(　　)。

    A. $c(Y^{4-})/c(Y')$　　　　　　　　B. $c(Y')/c(Y^{4-})$

C. $c(H^+)/c(Y')$ D. $c(Y')/c(H_4Y)$

64. 用 EDTA 滴定金属离子 M。若要求相对误差小于 0.1%, 则滴定的酸度条件必须满足( )。

A. $c_M K_{MY} \geq 10^6$

B. $c_M \dfrac{K'_{MY}}{\alpha_Y} \leq 10^6$

C. $c_M \dfrac{K_{MY}}{\alpha_Y} \geq 10^6$

D. $c_M \dfrac{\alpha_Y}{K_{MY}} \geq 10^6$

65. 当溶液中有两种(M,N)金属离子共存时,欲以 EDTA 滴定 M 而使 N 不干扰,则要求( )。

A. $\dfrac{c_M K'_{MY}}{c_N K'_{NY}} \geq 10^5$

B. $\dfrac{c_M K'_{MY}}{c_N K'_{NY}} \geq 10^{-5}$

C. $\dfrac{c_M K'_{MY}}{c_N K'_{NY}} \geq 10^8$

D. $\dfrac{c_M K'_{MY}}{c_N K'_{NY}} \geq 10^{-8}$

66. 在配位滴定中,关于直接滴定的条件,下述正确的是( )。

A. MY 稳定常数不能太大 B. 溶液中无干扰离子

C. $\lg c_M K'_{MY} \geq 6$ D. 反应宜在强酸溶液中进行

67. 有关 pH 值对 EDTA 配位滴定的影响,叙述正确的是( )。

A. pH 值越小,配合物的稳定性越大

B. 溶液 pH 值对配合物稳定性影响很小

C. pH 值越大,酸效应系数越大

D. pH 值越大,酸效应系数越小,配位滴定曲线的 pM 突跃范围越大

68. 已确定某种金属离子被滴定的最小 pH(允许误差为 ±0.1%), 一般根据以下哪项计算? ( )

A. $\lg c_M K'_{MY} \geq 5$, $\lg \alpha_{Y(H)} = \lg K_{MY} - \lg K'_{MY}$

B. $\lg c_M K'_{MY} \geq 6$, $\lg \alpha_{Y(H)} = \lg K_{MY} - \lg K'_{MY}$

C. $\lg c_M K'_{MY} \geq 10^8$, $\lg \alpha_{Y(H)} = \lg K_{MY} - \lg K'_{MY}$

D. $\lg c_M K'_{MY} \geq 10^6$, $\lg \alpha_{Y(H)} = \lg \dfrac{K'_{MY}}{K_{MY}}$

69. 在配合滴定中,有时出现"封闭"现象,其原因是( )。

A. $K'_{MY} > K_{MY}$ B. $K'_{MY} < K_{MY}$

C. $K'_{MIn} > K'_{MY}$ D. $K'_{NIn} > K'_{MY}$

70. 配位滴定中, H^+ 浓度越大,则( )。

A. $\alpha_{Y(H)}$ 越小,对主反应的影响越大

B. $\alpha_{Y(H)}$ 越大,对主反应的影响越大

C. $\alpha_{Y(H)}$ 越小,对主反应的影响越小

D. $\alpha_{Y(H)}$ 越大,对主反应的影响越小

71. 在配位滴定中,指示剂铬黑 T 使用的酸度范围为(   )。

A. pH = 8 ~ 11   B. pH = 12 ~ 13

C. pH>11   D. pH<6

二、判断题

1. EDTA 与 M 形成的配合物都无色。   (   )

2. pH 值越大,EDTA 的酸效应系数也越大。   (   )

3. EDTA 滴定某金属离子时,有一允许的最高酸度(即 pH 值),如果溶液的 pH 值高于该 pH 值,就不能准确滴定该离子。   (   )

4. 金属指示剂能指示金属离子浓度的变化。   (   )

5. 造成金属指示剂封闭的原因是指示剂本身不稳定。   (   )

6. 当被测金属离子与 EDTA 反应慢时,则可以采用置换滴定。   (   )

7. 金属指示剂的僵化现象是指滴定时终点没有出现。   (   )

8. MIn 为金属指示剂 In 与金属离子形成的配合物,当 $c[MIn]$ 与 $c[In]$ 的比值为 2 时,pM 与指示剂的理论变色点 pM_{In} 相等。   (   )

9. 用 EDTA 进行配位滴定时,若被滴定的金属离子(M)浓度增大,$\lg K'_{MY}$ 也增大,则滴定突跃将变大。   (   )

10. 用 EDTA 法测定试样中的 Ca^{2+} 和 Mg^{2+} 含量时,先将试样溶解,然后调节溶液 pH 值为 5.5 ~ 6.5,并进行过滤,目的是去除 Fe^{3+}、Al^{3+} 等干扰离子。   (   )

11. 条件稳定常数是考虑了酸效应和配位效应后的实际稳定常数。   (   )

12. 铬黑 T 的缩写为 EBT。   (   )

13. 在配位滴定中,若溶液的 pH 值高于滴定 M 的最小 pH 值,则无法准确滴定。
                                                                        (   )

14. 配位滴定中,溶液的最佳酸度范围是由 EDTA 决定的。   (   )

15. 铬黑 T 指示剂在 pH = 7 ~ 11 使用,其目的是减少干扰离子的影响。   (   )

16. 滴定 Ca^{2+}、Mg^{2+} 总量时要控制 pH≈10,而滴定 Ca^{2+} 分量时要控制 pH 值为 12 ~ 13。若 pH = 13 时测 Ca^{2+} 则无法确定终点。   (   )

17. 采用铬黑 T 作指示剂终点颜色变化为蓝色变为紫红色。   (   )

18. 配位滴定不加缓冲溶液也可以进行滴定。   (   )

19. 酸效应曲线的作用就是查找各种金属离子所需的滴定最低酸度。   (   )

20. 只要金属离子能与 EDTA 形成配合物,都能用 EDTA 直接滴定。 (　　)

21. 在水的总硬度测定中,必须依据水中 Ca^{2+} 的性质选择滴定条件。 (　　)

22. 钙指示剂配制成固体使用是因为其易发生封闭现象。 (　　)

23. 配位滴定中 pH≥11 时可不考虑酸效应,此时配合物的条件稳定常数与绝对稳定常数相等。 (　　)

24. EDTA 配位滴定时的酸度,根据 $\lg c_M K'_{MY} \geq 6$ 就可以确定。 (　　)

25. 一个 EDTA 分子中,由 2 个氮和 4 个氧提供 6 个配位原子。 (　　)

26. 掩蔽剂的用量过量太多,被测离子也可能被掩蔽而引起误差。 (　　)

27. EDTA 与金属离子配合时,不论金属离子的化学价是多少,一般均是以 1∶1 的关系配合。 (　　)

28. 提高配位滴定选择性的常用方法有控制溶液酸度和利用掩蔽的方法。 (　　)

29. 在配位滴定中,要准确滴定 M 离子而 N 离子不干扰须满足 $\lg K_{MY}-\lg K_{NY} \geq 5$。 (　　)

30. 能够根据 EDTA 的酸效应曲线来确定某一金属离子单独被滴定的最高 pH 值。 (　　)

31. 在只考虑酸效应的配位反应中,酸度越大形成配合物的条件稳定常数越大。 (　　)

32. 水硬度测定过程中需加入一定量的 $NH_3 \cdot H_2O-NH_4Cl$ 溶液,其目的是保持溶液的酸度在整个滴定过程中基本保持不变。 (　　)

33. 多齿配体与中心原子生成的配合物都是螯合物。 (　　)

34. $[PtCl_2(NH_3)_2]Cl_2$ 的名称是氯化二氨·二氯合铂(Ⅳ)。 (　　)

35. Fe^{3+} 和 1 个 H_2O 分子、5 个 Cl^- 形成的配离子是 $[Fe(Cl)_5(H_2O)]^{2-}$。 (　　)

36. 任何中心原子配位数为 4 的配离子,稳定常数均非常大。 (　　)

37. 配合物的稳定常数 K 越大,表明内界和外界结合越牢固。 (　　)

38. 与中心离子配位的配体数目,就是中心离子的配位数。 (　　)

39. 螯合物中通常形成五元环或六元环,这是因为五元环、六元环比较稳定。 (　　)

40. 根据稳定常数 K 的大小,即可比较不同配合物的稳定性,K 越大,配合物越稳定。 (　　)

41. 酸效应系数越大,配合物的稳定性就越大。 (　　)

42. EDTA 滴定金属离子至终点时,溶液呈现的颜色应是 MY 的颜色。 (　　)

43. 在配位反应中,溶液的 pH 值恒定时,K_{MY} 越大则 K'_{MY} 就越大。 (　　)

三、计算题

1. 0.1 mol 固体 $ZnSO_4$ 溶于 1 L 6 mol·L^{-1} 氨水中,测得 $c(Zn^{2+})=8.13\times10^{-14}$ mol·L^{-1},试计算 $[Zn(NH_3)_4]^{2+}$ 的 $K_f^{\ominus}$ 值。

2. 通过计算比较 1 L 6 mol·L^{-1} 氨水和 1 mol·L^{-1} KCN 溶液,哪一个可溶解较多的 AgI? 已知 $[Ag(NH_3)_2]^+$ 的 $K_f^{\ominus}$ 是 1.12×10^7,$[Ag(CN)_2]^-$ 的 $K_f^{\ominus}$ 是 1.26×10^{21},AgI 的 $K_{sp}^{\ominus}$ 是 8.51×10^{-17}。

3. 向一 $c[Ag(CN)_2^-]=0.20$ mol·L^{-1},$c(CN^-)=0.10$ mol·L^{-1} 的溶液中,加入等体积 0.20 mol·L^{-1} 的 KI 溶液,问可否生成 AgI 沉淀? 已知 $[Ag(CN)_2^-]$ 的 $K_f^{\ominus}$ 是 1.26×10^{21},AgI 的 $K_{sp}^{\ominus}$ 是 $=8.51\times10^{-17}$。

4. 在 1 L 0.10 mol·L^{-1}的 AgNO$_3$ 溶液中加入 1 L 的 0.10 mol·L^{-1}的 NaCl 溶液,能否产生 AgCl 沉淀? 若通过在 AgNO$_3$ 溶液中先加入氨水的方法以阻止加 NaCl 溶液后产生 AgCl 沉淀,求在 1 L 0.10 mol·L^{-1}的 AgNO$_3$ 溶液中,氨的初始浓度最低应是多少? 已知 AgCl 的 $K_{sp}^{\ominus}$ 是 1.8×10^{-10},[Ag(NH$_3$)$_2$]$^+$ 的 $K_f^{\ominus}$ 是 1.12×10^7。

5. 称取含磷试样 0.2000 g,处理成可溶性的磷酸盐,然后在一定条件下定量沉淀为 MgNH$_4$PO$_4$,过滤,洗涤沉淀,用盐酸溶解,调节 pH = 10.0,最后以 0.0200 mol·L^{-1} EDTA 溶液滴定至化学计量点,消耗 30.00 mL,试计算试样中 P$_2$O$_5$ 的百分含量。已知 M(P$_2$O$_5$) 为 141.95 g·mol^{-1}。

6. 说明怎样通过测定 AgCl 在 1.0 mol·L^{-1} KSCN 溶液中的溶解度及 AgCl 的 $K_{sp}^{\ominus}$ 来计算 Ag(SCN)$_2^-$ 配离子的稳定常数 $K_f^{\ominus}$。

第8章　氧化还原平衡与相关分析法

内容提要

　　氧化还原平衡的核心问题是电极电势。在理解了电极电势以及影响电极电势的各种因素后,就能顺利地定量解决许多与氧化还原反应有关的问题。

　　氧化还原反应的过程相对比较复杂。在学习氧化还原滴定法时,要特别注意两个方面:一是滴定反应在什么条件下才能顺利进行;二是在分析结果的计算问题中,要熟练掌握在物质的量这个层次上确定待测组分与标准物质之间的计量关系。

8.1　氧化还原平衡

8.1.1　氧化还原反应

　　凡涉及物质的氧化数发生变化(包括电子得失和电子对的偏移)的反应称为氧化还原反应。这类反应多数是可逆的。

　　在氧化还原反应中,氧化剂由较高的氧化数状态(氧化型)转变为较低的氧化数状态(还原型);还原剂正好相反,是由还原型转变为氧化型;对参与了反应,但反应前后氧化数没有发生变化的物质(如 H^+、OH^-、H_2O 等)称为介质。

8.1.2　氧化还原半反应

　　氧化还原反应都可以分解为两个半反应:一个是氧化反应,即对应于还原剂氧化数升高的变化;一个是还原反应,即对应于氧化剂氧化数降低的变化。

　　半反应反映了同一种元素,由一种氧化数状态变为另一种氧化数状态的过程。书写半反应式一定要注意,反应式两边不但原子数目要配平,电荷数目也要配平。

8.1.3 电对

电对由同一元素的两种不同氧化数状态组成,书写时通常氧化型(氧化数高的状态)写在左边,还原型(氧化数低的状态)写在右边,中间用斜杠隔开,即氧化型/还原型。如:MnO_4^-/Mn^{2+}、Fe^{3+}/Fe^{2+}、Cl_2/Cl^-等。

电对是半反应的一种简便表述方式。知道了半反应很容易就可以写出相应的电对;对一个已知电对,采用离子-电子法进行配平,就可以得到相应的半反应式。

8.2 原电池和电极电势

8.2.1 原电池-化学能转变为电能的装置

任意一个自发的可逆氧化还原反应,原则上都可以组成原电池。在原电池装置中进行的氧化还原反应称为原电池反应。原电池反应同样可以分为两个半电池反应。两个半电池反应分别构成原电池的两个电极,其中发生氧化反应的为负极,发生还原反应的为正极。发生反应时,电子经由导线从负极向正极转移。电极上发生的半电池反应称为电极反应。电极反应通常都写成还原半反应的形式,即氧化型$+ne^-$===还原型。如表8-1所示。

表8-1 铜锌电池电极反应

氧化还原反应	氧化还原半反应	原电池反应	半电池反应	电极反应
$Cu^{2+}+Zn$ ===$Cu+Zn^{2+}$	氧化:$Zn-2e^-$===Zn^{2+} 还原:$Cu^{2+}+2e^-$===Cu	$Cu^{2+}+Zn$ ===$Cu+Zn^{2+}$	负极:$Zn-2e^-$===Zn^{2+} 正极:$Cu^{2+}+2e^-$===Cu	$Zn^{2+}+2e^-$===Zn $Cu^{2+}+2e^-$===Cu

8.2.2 原电池的符号

原电池符号是原电池装置的简便表达式,如铜锌原电池的符号为

$$(-)Zn|Zn^{2+}(C_1)\,||\,Cu^{2+}(C_2)|Cu(+)$$

其中"||"代表盐桥,它是连接两个电极的桥梁,盐桥两边必须是处于溶液(熔融)状态物质;"|"表示两种物相的界面,习惯上将负极写在左边,正极写在右边。电池符号的两端一定要有固态的导电体作为电极的导电材料,如果电极物质中不存在这类物质就要

外加导电体(如铂、石墨等),例如:$(-)Zn|Zn^{2+}(C_1)||Fe^{2+}(C_2),Fe^{3+}(C_3)|Pt(+)$。","是同一电极中相同物质的分隔符。处于溶液状态的物质,若其浓度已知,则应将其浓度值代入 C;对于气态物质则注明其分压。

8.2.3　标准电极电势($\varphi^{\ominus}$)

每一个电极都有相应的电极电势 $\varphi^{\ominus}$。一个电极,当其电极反应中涉及的所有物质均处于标准状态(溶质浓度为标准浓度,气体分压为标准压力)时,其电极电势就是标准电极电势 $\varphi^{\ominus}$。

各个电极的标准电极电势数值的大小是通过与标准氢电极:$2H^+(e^{\ominus})+2e^-\Longrightarrow H_2$($p^{\ominus}$)进行比较而得。氢电极的标准电极电势规定为零,即 $\varphi^{\ominus}(H^+/H_2)=0\ V$。

关于标准电极电势的几点说明:

(1)$\varphi^{\ominus}$ 值是电对中各相关物质氧化还原能力强弱的判据。一个电对的 $\varphi^{\ominus}$ 值越大,则电对中的氧化型得电子的能力越强,是越强的氧化剂,而对应的还原型是越弱的还原剂。反之,$\varphi^{\ominus}$ 值越小,则电对中的还原型便是越强的还原剂,氧化型是越弱的氧化剂。

(2)标准电极电势没有加和性,即无论电极反应式的计量系数乘以或除以任何实数,都不改变其 $\varphi^{\ominus}$ 值。例如:

$$Cl_2+2e^-\Longrightarrow 2Cl^-\qquad \varphi^{\ominus}=1.358\ V$$

$$\frac{1}{2}Cl_2+e^-\Longrightarrow Cl^-\qquad \varphi^{\ominus}=1.358\ V$$

(3)对于非水溶液体系,不能用 $\varphi^{\ominus}$ 比较物质的氧化还原能力。

(4)各种电对的 $\varphi^{\ominus}$ 值可查表得到。在查阅标准电极电势表时,一定要仔细核对电对的氧化型和还原型,同时还要注意电极反应中的酸、碱介质是否与所要查的一致,以免出错。

8.2.4　影响电极电势的因素

一个电极反应,其电极电势(φ)的大小不仅取决于电对的本性(由 $\varphi^{\ominus}$ 值反映),还与反应温度和参与反应的物质的浓度、酸度或压力有关。这些都体现在能斯特(Nernst)方程中。

对于反应:$aO_x+ne^-=a'\text{Red}$

对应的能斯特方程为

$$\varphi=\varphi^{\ominus}+\frac{2.303RT}{nF}\lg\frac{[c(O_x)/c^{\ominus}]^a}{[c(\text{Red})/c^{\ominus}]^{a'}}$$

式中：$R = 8.314 \text{ J} \cdot \text{K}^{-1} \cdot \text{mol}^{-1}$，$F$ 为 Faraday 常数，n 为电极反应的转移电子数，T 为热力学温度，当 $T = 298 \text{ K}$ 时，上式可改写为

$$\varphi = \varphi^{\ominus} + \frac{0.059}{n} \lg \frac{[c(O_x)/c^{\ominus}]^a}{[c(\text{Red})/c^{\ominus}]^{a'}}$$

书写能斯特方程应注意以下几点：①必须根据给定的电极反应式书写；②参加反应的气体，应以其相对分压代入浓度项；③纯固体、纯液体的浓度不列入能斯特方程；④参与电极反应的介质（如 H^+、OH^- 等），其浓度要写入方程式中。

根据能斯特方程，对影响电极电势的因素做具体的讨论如下：①电极的本性（由 $\varphi^{\ominus}$ 体现）是最主要的影响因素；②温度升高，φ 增大；③$c(O_x)$ 增大，φ 增大；$c(\text{Red})$ 增大，则 φ 减小，反之亦然，在电极中加入沉淀剂或配位剂之后，会因为难溶化合物或难离解配合物的生成而使相应的氧化型或还原型的浓度大幅度地降低，导致 φ 有较大幅度的变化；生成的难溶化合物越难溶（$K_{sp}^{\ominus}$ 越小），或生成的配合物越难离解（$K_f^{\ominus}$ 越大），变化的幅度就越大；④对有 H^+ 或 OH^- 参与反应的电极，酸度才有影响，由于 H^+ 和 OH^- 的系数通常较大，影响也不小。

8.2.5 条件电极电势(φ')

φ' 是在特定的介质条件下，同时氧化型和还原型的总浓度都是 $1 \text{ mol} \cdot \text{L}^{-1}$（或两者总浓度的比值为 1）时的实际电极电势。

关于 φ' 的几点说明：

(1)在特定的介质条件下，φ' 是一个常数。同一个电极反应在不同条件下，φ' 值不同。

(2)用能斯特方程计算电极电势时，用 φ' 代替标准电极电势 $\varphi^{\ominus}$ 有两个好处：①准确度高，因为 φ' 值是将 $\varphi^{\ominus}$ 用活度系数和副反应系数校正后的结果；②计算更简便，在浓度项中只需代入电对中所涉及的氧化型和还原型的总浓度，介质不须列入，这和使用 $\varphi^{\ominus}$ 不同。

(3)使用 φ' 的不便之处是现有的数据不足。

8.3 电极电势的应用

8.3.1 判断原电池的正、负和计算原电池电动势(E)

原电池的正极：φ 值较大的电极；负极：φ 值较小的电极。

原电池的电动势: $E = \varphi_{(+)} - \varphi_{(-)}$

在标准状态下: $E^{\ominus} = \varphi^{\ominus}_{(+)} - \varphi^{\ominus}_{(-)}$

8.3.2　比较氧化剂、还原剂的相对强弱,判断反应进行的方向

比较两个电对电极电势的大小,φ 值大者其氧化型的氧化能力较强;φ 值小者其还原型的还原能力较强,由被比较的两个电对组成的氧化还原反应,其正反应的方向一定是:φ 值大的电对中的氧化型物质充当氧化剂,φ 值小的电对中的还原型物质充当还原剂;反之则逆向进行。

8.3.3　判断氧化还原反应进行的次序

当溶液中间同时存在多种还原剂(或氧化剂)时,若加入一种氧化剂(或还原剂),则电极电势差值($\Delta\varphi$)最大的两个电对先发生氧化还原反应。

8.3.4　确定氧化还原反应的限度——求反应的平衡常数($K^{\ominus}$)

$$298\ \text{K 时}\quad \lg K^{\ominus} = \frac{n\,E^{\ominus}}{0.059} = \frac{n\left[\varphi^{\ominus}(氧化剂) - \varphi^{\ominus}(还原剂)\right]}{0.059}$$

一般而言,若反应的 $K^{\ominus}$ 值大于 10^6,就可以认为反应正向进行得很完全;使用公式时,要注意以下几点:①式中 n 是氧化还原反应中的电子转移数(即两个电对中两个 n 值的最小公倍数);②求 $\lg K^{\ominus}$ 一定要用 $\varphi^{\ominus}$ 而不能用 φ;③氧化剂在反应中有元素氧化数降低,还原剂则有元素氧化数升高。氧化剂和还原剂都是指的反应物,对于正反应它们位于反应式的左边,对于逆反应则位于反应式的右边。

例如　$2Fe^{3+}+Hg \Longrightarrow 2Fe^{2+}+Hg^{2+}$

正反应平衡常数的对数　$\lg K^{\ominus}_{正} = \dfrac{2\left[\varphi^{\ominus}(Fe^{3+}/Fe^{2+}) - \varphi^{\ominus}(Hg^{2+}/Hg)\right]}{0.059}$

逆反应平衡常数的对数　$\lg K^{\ominus}_{逆} = \dfrac{2\left[\varphi^{\ominus}(Hg^{2+}/Hg) - \varphi^{\ominus}(Fe^{3+}/Fe^{2+})\right]}{0.059}$

8.3.5　计算难溶化合物的溶度积常数($K^{\ominus}_{sp}$)和配合物的稳定常数($K^{\ominus}_{f}$)

(1)用难溶化合物及其对应金属所组成的电对作正极,金属离子及其对应金属所组成的电对作负极,所得的电池反应的平衡常数便是难溶化合物的溶度积常数,如果两个电极都是标准电极,便可以测量并算出难溶化合物的溶度积常数 $K^{\ominus}_{sp}$。

例如,欲求 AgBr 的 $K_{sp}^{\ominus}$,可设计如下电池:

正极　$AgBr+e^- \Longrightarrow Ag+Br^-$,$\varphi^{\ominus}$（AgBr/Ag）

负极　$Ag^++e^- \Longrightarrow Ag$,$\varphi^{\ominus}$（$Ag^+$/Ag）

电池反应式　$AgBr \Longrightarrow Ag^++Br^-$

则 $\lg K_{sp}^{\ominus}(AgBr) = \dfrac{1 \times [\varphi^{\ominus}(AgBr/Ag) - \varphi^{\ominus}(Ag^+/Ag)]}{0.059}$

(2)利用配合物及其对应金属所组成的电对作负极,金属离子及其对应金属所组成电对作正极,对应的电池反应式便是配合物的生成反应式,如果两个电极都是标准电极,便可以测量并算出配合物的稳定常数 $K_f^{\ominus}$。

例如,欲求 $[Cu(NH_3)_4]^{2+}$ 的 $K_f^{\ominus}$,可设计如下电池:

正极　$Cu^{2+}+2e^- \Longrightarrow Cu$,$\varphi^{\ominus}$（$Cu^{2+}$/Cu）

负极　$[Cu(NH_3)_4]^{2+}+2e^- \Longrightarrow Cu+4NH_3$,$\varphi^{\ominus}$$[Cu(NH_3)_4]^{2+}$/Cu

电池反应　$Cu^{2+}+4NH_3 \Longrightarrow [Cu(NH_3)_4]^{2+}$

则 $\lg K_f^{\ominus}([Cu(NH_3)_4]^{2+}) = \dfrac{2 \times [\varphi^{\ominus}(Cu^{2+}/Cu) - \varphi^{\ominus}[Cu(NH_3)_4]^{2+}/Cu]}{0.059}$

8.4　元素电势图及其应用

将一种元素的各种不同氧化数物质按氧化数降低的顺序从左到右排列,并标出溶液的介质状况(酸或碱)和相应电对的标准电极电势值,就得到该元素的标准电极电势图。

元素电势图的应用:

(1)判断物质在水溶液中处于标准状态时能否发生歧化反应或反歧化反应。

对电势图:$\varphi_A^{\ominus}/V$　$A \dfrac{\varphi_{左}^{\ominus}}{} B \dfrac{\varphi_{右}^{\ominus}}{} C$

当 $\varphi_{左}^{\ominus} > \varphi_{右}^{\ominus}$ 时,在酸性溶液中 A 与 C 能反歧化为 B。

当 $\varphi_{右}^{\ominus} > \varphi_{左}^{\ominus}$时,在酸性溶液中 B 可以歧化为 A 和 C。

(2)计算未知电对的电极电势

若有 i 个相邻的电对及对应的标准电极电势值

$A \dfrac{\varphi_1^{\ominus}}{n_1} B \dfrac{\varphi_2^{\ominus}}{n_2} C \dfrac{\varphi_3^{\ominus}}{n_3} D\cdots \dfrac{\varphi_i^{\ominus}}{n_i} Q$

则 $\varphi^{\ominus}(A/Q) = \dfrac{n_1\varphi_1^{\ominus} + n_2\varphi_2^{\ominus} + n_3\varphi_3^{\ominus} + \cdots + n_i\varphi_i^{\ominus}}{n_1 + n_2 + n_3 + \cdots + n_i}$

8.5　氧化还原滴定法

8.5.1　影响氧化还原反应速率的因素

氧化还原反应大多数进行得比较慢,通常必须采取相应措施加速反应的进行,以满足滴定分析的要求。影响反应速率的因素一般有温度、浓度、催化剂和诱导反应等。由于氧化还原反应比较复杂,加速反应的措施要视具体的滴定方法具体实施。

8.5.2　氧化还原滴定曲线

氧化还原滴定曲线是描述溶液的电势随滴定剂的加入量改变而变化的关系曲线。如果组成反应的两个电对均为对称电对。则反应达化学计量点时,溶液的电势 φ 为

$$\varphi = \frac{n_1 \varphi_1 + n_2 \varphi_2}{n_1 + n_2}$$

8.5.3　常用的氧化还原滴定方法

常用的氧化还原滴定方法有 $KMnO_4$ 法、$K_2Cr_2O_7$ 法和碘量法(尤其是间接碘量法),学习时要注意这三种滴定方法各自的滴定条件和适用的范围。

8.5.4　氧化还原滴定结果的计算

氧化还原滴定的化学计量关系较为复杂,尤其是间接碘量法,往往要通过两个以上的步骤才能完成。在解决这类问题时,要注意两点:一是被测物所涉及的反应中都是被完全转化的;二是要掌握从物质的量这个层次上,确定被测物和标准物之间的计量关系,这也是正确解决问题的关键。

滴定结果的计算是本章的重点之一,一定要通过多看例题多做练习充分理解和掌握。

8.6 电势分析法

8.6.1 直接电势法

直接电势法是通过测量由参比电极和指示电极组成的原电池的电动势 E，以求得待测离子的活度 a_i（或浓度 c_i）的分析方法。

$$E = K \pm S \lg a_i$$

式中：K 是常数，它包括参比电极电势、液接电势、不对称电势等。

$$S = 2.303RT/nE，当 n=1，T=298\ K\ 时，S=0.059$$

当指示电极作正极时，待测离子为阳离子取正号，为阴离子取负号。当指示电极作负极时则相反，待测离子为阳离子取负号，为阴离子取正号。

8.6.2 溶液 pH 值的直接电势分析

(1) 测量电池组成 $\begin{cases}\text{参比电极-饱和甘汞电极（小于 70 ℃时用）或 Ag–AgCl 电极}\\ \text{指示电极-玻璃电极（测量范围一般在 pH 值 1 ~ 10）}\end{cases}$

电池电动势测量仪器：pH 计（酸度计）

(2) 玻璃电极膜电势的产生，是溶液中的 H^+ 在电极表面的水化层扩散并发生离子交换的结果。

(3) 玻璃电极使用前要在纯水中充分浸泡，主要有两个作用：一是使膜表面能充分溶胀形成水化层，这样才会对 H^+ 敏感；二是使不对称电势减小并趋于恒定。

(4) 测量前用标准缓冲溶液校验电极定位，主要是为了消除不对称电势等的影响。

(5) pH 计测量溶液 pH 值的工作原理

$$298\ K\ 时，pHx = pHs + (Es - Ex)/0.059$$

显然 pH 值的确定，是与标准溶液进行比较后的相对测量结果。

8.6.3 电势滴定法

电势滴定适用于无法选到合适指示剂（被测溶液有色或混浊或滴定突跃太小）的滴定分析。方法是：将参比电极和指示电极一起插入待测溶液组成原电池，然后滴入滴定剂，每加一次滴定剂，测量一次电动势，直到超过化学计量点为止。根据得到的一系列滴定剂用量（V）和相应的电动势数据（E），通过作图便可确定出滴定的化学计量点及与之对应的滴定剂用量。通常的作图方法有以下三种:①E-V 曲线法,滴定的化学计量点位于曲线的拐点;② $\Delta E/\Delta V$ - $\bar{V}$ 曲线法(一级微商法),滴定的化学计量点位于曲线的最高点;③ $\Delta^2 E/\Delta V^2$ - V 曲线法(二级微商法),滴定的化学计量点位于纵坐标为零的点。

在电势滴定法中,参比电极通常用饱和甘汞电极。不过普通甘汞电极使用时会有 KCl 溶液渗出,如果对滴定有影响时(如测 Cl⁻ 含量),则选用双盐桥型的饱和甘汞电极。

 练习题

8.1　氧化还原平衡

判断题

1. 甲烷和四氯化碳中的碳的氧化值都是+4。　　　　　　　　　　　　　(　　)

2. 组成原电池的两个电对的电极电位相等时,电池反应处于平衡状态。　(　　)

3. 在氧化还原反应中,如果两电对 φ 值相差越大,则反应进行得越快。　(　　)

4. 原电池中标准电极电位高的电对中的氧化型物质在电池反应中一定是氧化剂。

(　　)

5. $MnO_4^- + 8H^+ + 5e \rule[0.5ex]{1.2em}{0.4pt} Mn^{2+} + 4H_2O$,$\varphi = +1.51$ V,高锰酸钾就是强氧化剂,因为它在反应中得到的电子多。　　　　　　　　　　　　　　　　　　　(　　)

8.2　原电池和电极电势

一、判断题

1. 浓差电池 $Ag | AgNO_3(c_1) \| AgNO_3(c_2) | Ag$,若 $c_1 < c_2$,则左端为负极。　(　　)

2. 增加反应 $I_2 + 2e \longrightarrow 2I^-$ 中 I^- 的浓度,则电极电位增加。　　(　　)

3. 电极电位只取决于电极本身的性质,而与其他因素无关。　　　　(　　)

二、选择题

1. 已知 $\varphi(Fe^{2+}/Fe) \rule[0.5ex]{1.2em}{0.4pt} 0.447$ V,$(Ag^+/Ag) = 0.7996$ V,$\varphi(Fe^{3+}/Fe^{2+}) = 0.771$ V,标准状态下,上述电对中最强的氧化剂和还原剂分别是(　　　　)。

　　　A. Ag^+,Fe^{2+}　　　　　　　　　　B. Ag^+,Fe

　　　C. Ag,Fe　　　　　　　　　　　　　D. Fe^{2+},Ag

2. 对于电池反应 $Cu^{2+} + Zn \rule[0.5ex]{1.2em}{0.4pt} Cu + Zn^{2+}$,下列说法正确的是(　　　　)。

　　　A. 当 $c(Cu^{2+}) = c(Zn^{2+})$ 时,电池反应达到平衡

B. 当 $\varphi(Zn^{2+}/Zn)=\varphi(Cu^{2+}/Cu)$ 时,电池反应达到平衡

C. 当 Cu^{2+},Zn^{2+} 均处于标准态时,电池反应达到平衡

D. 当原电池的电动势为 0 时,电池反应达到平衡

8.3 电极电势的应用

一、判断题

1. 还原性最强的物质应该是电极电位最低的电对中的还原型物质。 (   )

2. 电极电位与电池的电动势均具有广度性质,与物质的多少有关。 (   )

3. 在任一原电池内,正极总是有金属沉淀出来,负极总是有金属溶解下来成为阳离子。 (   )

二、选择题

1. $MA(s)+e \Longrightarrow M(s)+A$,此类难溶电解质溶解度越低,其标准电极电势 $\varphi MA/M$ 将(   )。

A. 越高   B. 越低

C. 不受影响   D. 无法判断

2. 氢电极插入纯水中,通 $H_2(100\ kPa)$ 至饱和,则其电极电势(   )。

A. $\varphi=0$ B. $\varphi>0$

C. $\varphi<0$ D. 无法预测

8.4 元素电势图及其应用

选择题

1. 两锌片分别插入不同浓度的 $ZnSO_4$ 水溶液中,测得 $\varphi_1=-0.70\ V$,$\varphi_n=-0.76\ V$,说明两溶液中 $[Zn^+]$ 之间的关系是(   )。

A. Ⅰ中的 $[Zn^{2+}]>$Ⅱ中的 $[Zn^{2+}]$ B. Ⅰ中的 $[Zn^{2+}]=$Ⅱ中的 $[Zn^{2+}]$

C. Ⅰ中的 $[Zn^{2+}]<$Ⅱ中的 $[Zn^{2+}]$ D. Ⅰ中的 $[Zn^{2+}]=$Ⅱ中的 $[Zn^{2+}]$ 的 2 倍

2. 在 $S_4O_6^{2-}$ 中 S 的氧化数是(   )。

A. +2   B. +4

C. +6   D. +3.5

3. 原电池 $(-)Zn|ZnSO_4(1\ mol\cdot L^{-1})||NiSO_4(1\ mol\cdot L^{-1})|Ni(+)$,在负极溶液中加入 NaOH,其电动势(   )。

A. 增加   B. 减小

C. 不变　　　　　　　　　　　　D. 无法判断

4. $Pb^{2+}+2e \Longrightarrow Pb$, $\varphi = -0.1263$ V, 则 (　　)。

A. Pb^{2+} 浓度增大时 φ 增大　　　B. Pb^{2+} 浓度增大时 φ 减小

C. 金属铅的量增大时 φ 增大　　　D. 金属铅的量增大时 φ 减小

5. 氧化还原滴定曲线中滴定终点偏向滴定突跃的哪一侧, 主要取决于(　　)。

A. 氧化剂、还原剂各自电子转移数的多少

B. 滴定剂的浓度

C. 滴定剂氧化性的强弱

D. 被滴定物质的浓度

8.5　氧化还原滴定法

一、判断题

1. 配制好的 $KMnO_4$ 溶液要盛放在棕色瓶中保护, 如果没有棕色瓶应放在避光处保存。　　　　　　　　　　　　　　　　　　　　　　　　(　　)

2. 在滴定时, $KMnO_4$ 溶液要放在碱式滴定管中。　　　　　　　　(　　)

3. 用 $Na_2C_2O_4$ 标定 $KMnO_4$, 需加热到 70~80 ℃, 在 HCl 介质中进行。(　　)

4. 由于 $KMnO_4$ 性质稳定, 可作基准物直接配制成标准溶液。　　(　　)

二、选择题

Fe^{3+}/Fe^{2+} 电对的电极电位升高和(　　)因素无关。

A. 溶液离子强度的改变使 Fe^{3+} 活度系数增加

B. 温度升高

C. 催化剂的种类和浓度

D. Fe^{2+} 的浓度降低

8.6　电势分析法

选择题

1. 在直接电位法分析中, 指示电极的电极电位与被测离子活度的关系为(　　)。

A. 与被测离子浓度对数成正比　　B. 与被测离子浓度成正比

C. 与被测离子浓度对数成反比　　D. 符合能斯特方程式

2. 氟化镧单晶氟离子选择电极膜电位的产生是由于(　　)。

A. 氟离子在膜表面的氧化层传递电子

B. 氟离子进入晶体膜表面的晶格缺陷而形成双电层结构

C. 氟离子穿越膜而使膜内外溶液产生浓度差而形成双电层结构

D. 氟离子在膜表面进行离子交换和扩散而形成双电层结构

3. 产生 pH 玻璃电极不对称电位的主要原因是(　　)。

A. 玻璃膜内外表面的结构与特性差异

B. 玻璃膜内外溶液中碱浓度不同

C. 玻璃膜内外参比电极不同

D. 玻璃膜内外溶液中氢离子活度不同

4. 直接碘量法中所用的指示剂是淀粉溶液。只有(　　)淀粉与碘形成纯蓝色复合物,所以配制时必须使用这种淀粉。

A. 药用　　　　　　　　　　B. 食用

C. 直链　　　　　　　　　　D. 侧链

5. 在选择氧化还原指示剂时,指示剂变色的(　　)应落在滴定的突跃范围内,至少也要与突跃范围有足够的重合。

A. 电极电势　　　　　　　　B. 电势范围

C. 标准电极电势　　　　　　D. 电势

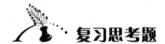 复习思考题

一、选择题

1. 已知 Ag$^+$/Ag($\varphi^{\ominus}$=0.799 V),Fe^{3+}/Fe^{2+}($\varphi^{\ominus}$=0.771 V),则氧化能力最强的物质是(　　)。

A. Ag$^+$　　　　　　　　　　B. Ag

C. Fe^{3+}　　　　　　　　　　D. Fe^{2+}

2. 碘量法滴定的酸度条件为(　　)。

A. 弱碱　　　　　　　　　　B. 强酸

C. 弱酸　　　　　　　　　　D. 强碱

3. 下列关于条件电势的叙述,正确的是(　　)。

A. 条件电势是任意温度下的电极电位

B. 条件电势就是在特定条件下,氧化态和还原态的总浓度(分析浓度)比为 1 时,
校正了各种外界因素(酸度、络合等)影响后的实际电极电势

C.条件电势是任意浓度下的电极电势

D.条件电势就是电对氧化态和还原态的浓度都等于 $1\ mol \cdot L^{-1}$ 时的电极电势

4.已知 ClO^-/Cl^-（$\varphi^\ominus = 0.81\ V$），$MnO_4^-/MnO_2$（$\varphi^\ominus = 0.60\ V$），还原能力最强的物质是（　　）。

A. MnO_2

B. MnO_4^-

C. Cl^-

D. ClO^-

5.用 $KMnO_4$ 溶液滴定 Fe^{2+} 时，Cl^- 的氧化被加快，这种现象称作（　　）。

A.催化反应

B.氧化反应

C.自催化反应

D.诱导反应

6.下列测定中，需要加热的有（　　）。

A.碘量法测定 Na_2S

B.溴量法测定苯酚

C. $KMnO_4$ 法测定 MnO_2

D. $KMnO_4$ 溶液滴定 H_2O_2

7.下列电对中，氧化型物质的氧化能力随溶液的 H^+ 浓度增大而增强的是（　　）。

A. Fe^{3+}/Fe^{2+}

B. $Cr_2O_7^{2-}/Cr^{3+}$

C. Cl_2/Cl^-

D. $AgCl/Ag$

8.若两电对的电子转移数分别为 1 和 2，为使反应完全程度达到 99.9%，两电对的条件电位差至少应大于（　　）

A. 0.30 V

B. 0.21 V

C. 0.24 V

D. 0.27 V

9. K_2CrO_7 滴定法测铁，加入 H_3PO_4 的作用主要是（　　）。

A.提高酸度

B.防止沉淀

C.降低 Fe^{3+}/Fe^{2+} 电位，使突跃范围增大

D.防止 Fe^{2+} 氧化

10.（1）用 $0.01\ mol \cdot L^{-1}$ $KMnO_4$ 溶液滴定 $0.05\ mol \cdot L^{-1}$ Fe^{2+} 溶液；

（2）用 $0.001\ mol \cdot L^{-1}$ $KMnO_4$ 溶液滴定 $0.005\ mol \cdot L^{-1}$ Fe^{2+} 溶液。

上述两种情况下滴定突跃范围（　　）。

A.一样大

B.（1）>（2）

C.（2）>（1）

D.无法比较

11.下列电对中，氧化型物质的氧化能力在溶液的 H^+ 浓度增大后增强最大的是（　　）。

A. MnO_4^-/Mn^{2+} B. ClO^-/Cl^-

C. $Cr_2O_7^{2-}/Cr^{3+}$ D. ClO_3^-/Cl^-

12. 用 $Na_2C_2O_4$ 标定 $KMnO_4$ 时,刚开始时褪色较慢,但之后褪色变快的原因是( )。

A. Mn^{2+} 催化作用 B. 反应进行后,温度升高

C. 温度过低 D. 高锰酸钾浓度变小

13. 欲配制 500 mL 0.1 mol·L^{-1} $Na_2S_2O_3$ 溶液,约需称取 $Na_2S_2O_3$·$5H_2O$ [$M_{(Na_2S_2O_3 \cdot 5H_2O)}$=248] 的质量为( )。

A. 24.0 g B. 12.4 g

C. 5.0 g D. 2.5 g

14. 下列电对,$\varphi^\ominus$ 值大小的顺序是( )。

① $[Ag(CN)_2]^-/Ag$ ② $[Ag(NH_3)_2]^+/Ag$ ③ $[Ag(S_2O_3^{2-})_2]^{3-}/Ag$ ④ Ag^+/Ag

A. ①>②>③>④ B. ④>②>③>①

C. ①>③>②>④ D. ④>③>②>①

15. 将下列反应设计成原电池时,不用惰性电极的是( )。

A. H_2+Cl_2 ══ 2HCl B. $2Fe^{3+}+Cu$ ══ $2Fe^{2+}+Cu^{2+}$

C. $2Hg^{2+}+Sn^{2+}$ ══ $Hg_2^{2+}+Sn^{4+}$ D. Ag^++Cl^- ══ AgCl

16. 在酸性条件下,$KMnO_4$ 与 S^{2-} 反应,正确的离子方程式是( )。

A. $MnO_4^-+S^{2-}+4H^+$ ══ MnO_2+S+2H_2O

B. $2MnO_4^-+5S^{2-}+16H^+$ ══ $2Mn^{2+}+5S+8H_2O$

C. $MnO_4^-+S^{2-}+4H^+$ ══ $Mn^{2+}+SO_2+2H_2O$

D. $2MnO_4^-+S^{2-}+4H^+$ ══ $2MnO_4^-+SO_2+2H_2O$

17. 由电对 Cu^+/Cu 作负极与电对 Fe^{3+}/Fe^{2+} 组成原电池,其电动势为 E,当向负极加入过量氨水后,电池电动势将( )。

A. 变小 B. 变大

C. 不变 D. 无法判断

18. 某电池(−)A/A^{2+}(0.1 mol·L^{-1}) ‖ B^{2+}(1.0×10^{-2} mol·L^{-1}) ‖ B(+)的电动势 E 为 0.27 V,则该电池的标准电动势 $E^\ominus$ 为( )。

A. 0.24 V B. 0.27 V

C. 0.30 V D. 0.33 V

19. 下列有关氧化还原反应的叙述,错误的是( )。

A. 化合反应和复分解反应不可能有氧化还原反应

B. 在反应中不一定所有元素的化合价都发生变化

C. 置换反应一定属于氧化还原反应

D. 氧化还原反应的本质是电子的转移

20. 以 $K_2Cr_2O_7$ 标定 $Na_2S_2O_3$ 标准溶液时,滴定前加水稀释是为了(　　)。

A. 便于滴定操作　　　　　　　　B. 保持溶液的弱酸性

C. 防止淀粉凝聚　　　　　　　　D. 防止碘挥发

21. 氧化还原反应平衡常数 K 值的大小(　　)。

A. 能说明反应的速度　　　　　　B. 能说明反应的完全程度

C. 能说明反应的条件　　　　　　D. 能说明反应的历程

22. 已知 $\varphi^{\ominus}(Fe^{3+}/Fe^{2+}) = 0.771$ V,$\varphi^{\ominus}(Cu^{2+}/Cu) = 0.342$ V,$\varphi^{\ominus}(Fe^{2+}/Fe) = -0.41$ V,$\varphi^{\ominus}(Zn^{2+}/Zn) = -0.760$ V,则下列反应在标准状态下自发进行的程度最大的是(　　)。

A. $2Fe^{3+} + Cu = 2Fe^{2+} + Cu^{2+}$　　　　B. $Cu^{2+} + Fe = Fe^{2+} + Cu$

C. $2Fe^{3+} + Fe = 3Fe^{2+}$　　　　　　D. $Fe^{2+} + Zn = Fe + Zn^{2+}$

23. 下列叙述中正确的是(　　)。

A. 电极电势值的大小可以衡量物质得失电子容易的程度

B. 某电极的电极电势就是该电极双电层的电势差

C. 原电池中,电子由负极经导线流到正极,再由正极经溶液到负极,从而构成了回路

D. 在一个实际供电的原电池中,总是由电极电势高的电对作正极,电极电势低的电对作负极

24. 为减小间接碘量法的分析误差,下面方法不适用的是(　　)。

A. 加入催化剂　　　　　　　　　B. 开始慢摇快滴,终点快摇慢滴

C. 在碘量瓶中进行反应和滴定　　D. 反应时放置于暗处

25. 某溶液含有 Br^-、I^-、Cl^-,如果要将其中的 I^- 氧化而 Br^- 和 Cl^- 不被氧化,氧化剂应选(　　)。已知:$\varphi^{\ominus}(I_2/I^-) = 0.535$ V,$\varphi^{\ominus}(Br_2/Br^-) = 1.066$ V,$\varphi^{\ominus}(Cl_2/Cl^-) = 1.358$ V,$\varphi^{\ominus}(Fe^{3+}/Fe^{2+}) = 0.771$ V,$\varphi^{\ominus}(MnO_4^-/Mn^{2+}) = 1.507$ V。

A. Fe^{2+}　　　　　　　　　　B. Fe^{3+}

C. Mn^{2+}　　　　　　　　　　D. MnO_4^-

26. 配制淀粉指示剂,加入 HgI_2 是为了(　　)。

A. 抑制细菌生长　　　　　　　　B. 加速溶解

C. 易于变色　　　　　　　　　　D. 防止沉淀

27. 在 Cu-Zn 原电池中,已知铜做正极,若向正极中加入氨水,则可能发生(　　)。

A. 电动势升高   B. 电动势降低

C. 电动势不变   D. 上述情形均可能发生

28. $\varphi_{Cr_2O_7^{2-}/Cr^{3+}}$ 的数值随 pH 值的升高而( )。

A. 增大   B. 不变

C. 减少   D. 无法判断

29. 某溶液含有 Cu^{2+}、Zn^{2+}、Sn^{2+}，如果要将其中的 Cu^{2+} 和 Sn^{2+} 还原而 Zn^{2+} 不被还原，还原剂应选( )。已知：$\varphi^{\ominus}(Cu^{2+}/Cu) = 0.342$ V，$\varphi^{\ominus}(Zn^{2+}/Zn) = -0.760$ V，$\varphi^{\ominus}(Sn^{2+}/Sn) = -0.138$ V，$\varphi^{\ominus}(Cd^{2+}/Cd) = -0.403$ V，$\varphi^{\ominus}(I_2/I^-) = 0.535$ V。

A. Sn   B. Cu

C. KI   D. Cd

30. 根据反应 $Cd + 2H^+ \rightleftharpoons Cd^{2+} + H_2$ 构成原电池，其电池符号为( )。

A. $(-)Cd \mid Cd^{2+} \parallel H^+, H_2 \mid Pt(+)$ B. $(-)H_2 \mid H^+ \parallel Cd^{2+} \mid Cd(+)$

C. $(-)Cd \mid Cd^{2+} \parallel H^+ \mid H_2, Pt(+)$ D. $(-)Pt, H_2 \mid H^+ \parallel Cd^{2+} \mid Cd(+)$

31. 碘量法测定 $CuSO_4$ 含量，试样溶液中加入过量的 KI，下列叙述其作用错误的是( )。

A. 把 $CuSO_4$ 还原成单质 Cu   B. 与 Cu^+ 形成 CuI 沉淀

C. 防止 I_2 挥发   D. 还原 Cu^{2+} 为 Cu^+

32. 在间接碘量法中，滴定终点的颜色变化是( )。

A. 蓝色恰好消失   B. 出现蓝色

C. 出现浅黄色   D. 黄色恰好消失

33. 电池反应：$Cu + 2Ag^+ \rightleftharpoons Cu^{2+} + 2Ag$ 正向进行，Cu^+/Cu 和 Ag^+/Ag 的电极电势分别为 φ_1 和 φ_2，则原电池电动势 $E = ($)。

A. $\varphi_2 - \varphi_1$ B. $\varphi_1 - 2\varphi_2$

C. $\varphi_1 - \varphi_2$ D. $2\varphi_2 - \varphi_1$

34. 在碘量法中，淀粉是专属指示剂，当溶液呈蓝色时，这是( )。

A. I^- 与淀粉生成物的颜色   B. I^- 的颜色

C. 游离碘与淀粉生成物的颜色   D. 碘的颜色

35. 电池反应：$3A^{2+} + 2B \rightleftharpoons 3A + 2B^{3+}$，在标准状态下的电池电动势为 1.8 V；在某浓度时电池电动势为 1.6 V，则此反应的 $\lg K^{\ominus}$ 值为( )。

A. $3 \times 1.6/0.059$ B. $6 \times 1.6/0.059$

C. $6 \times 1.8/0.059$ D. $3 \times 1.8/0.059$

36. 根据氯元素的电势图 $\varphi_B^{\ominus}$/V：$ClO_4^- \xrightarrow{0.36} ClO_3^- \xrightarrow{0.33} ClO_2^- \xrightarrow{0.66} ClO^- \xrightarrow{0.52} Cl_2 \xrightarrow{1.36} Cl^-$ 在碱性介质中，能发生歧化反应的物质是（　　）。

    A. ClO^- 和 Cl_2 B. ClO_2^- 和 Cl_2

    C. ClO_3^- 和 ClO_2^- D. ClO_2^- 和 ClO^-

37. 原电池$(-)Fe|Fe^{2+}||Cu^{2+}|Cu(+)$的电动势将随（　　）而增加。

    A. Fe^{2+} 离子和 Cu^{2+} 离子浓度同倍增加

    B. Fe^{2+} 离子和 Cu^{2+} 离子浓度同倍减少

    C. 增大 Fe^{2+} 离子浓度，减小 Cu^{2+} 离子浓度

    D. 减少 Fe^{2+} 离子浓度，增大 Cu^{2+} 离子浓度

38. 以 $K_2Cr_2O_7$ 法测定铁矿石中铁含量时，用 $0.02\ mol \cdot L^{-1}\ K_2Cr_2O_7$ 滴定。设试样含铁以 Fe_2O_3 计（其摩尔质量为 $150.7\ g \cdot mol^{-1}$）约为 50%，则试样称取量应为（　　）。

    A. 0.1 g 左右   B. 1 g 左右

    C. 0.35 g 左右   D. 3.5 g 左右

39. 根据铬元素的电势图 $\varphi_A^{\ominus}$/V：$Cr_2O_7^{2-} \xrightarrow{1.33} Cr^{3+} \xrightarrow{-0.40} Cr^{2+} \xrightarrow{-0.89} Cr$，可求得 $\varphi^{\ominus}(Cr_2O_7^{2-}/Cr)=$（　　）V。

    A. 0.90   B. 0.60

    C. 0.04   D. 0.30

40. 用 $K_2Cr_2O_7$ 法测定 Fe^{2+}，可选用下列指示剂中的（　　）。

    A. 二苯胺磺酸钠   B. 铬黑 T

    C. 自身指示剂   D. 甲基红-溴甲酚绿

41. 对需要在强酸介质中进行的氧化还原滴定，调节酸度时通常用（　　）。

    A. HNO_3 B. H_2SO_4

    C. HCl D. H_3PO_4

42. 已知原电池 $Sn|Sn^{2+}(c_1)||Pb^{2+}(c_2)|Pb$ 的电动势 $E=0$ V，为使 Sn 电极为原电池负极，Pb 电极为正极，应（　　）。

    A. 减小 c_1，增大 c_2 B. c_1 和 c_2 同倍减小

    C. c_1 和 c_2 同倍增大   D. 减小 c_2，增大 c_1

43. 常用三种甘汞电极作参比电极：①饱和甘汞电极；②摩尔甘汞电极；③0.1 $mol \cdot L^{-1}$ 甘汞电极。其电极电势依次用 E_1、E_2、E_3 表示。反应式为 $Hg_2Cl_2(s)+2e^- =\!=\!= 2Hg(l)+2Cl^-(aq)$，25 ℃时三者的电极电势相比，其大小关系应为（　　）。

    A. $E_1>E_2>E_3$ B. $E_2>E_1>E_3$

C. $E_3>E_2>E_1$ D. $E_1=E_2=E_3$

44. 关于标准电极电势,下列叙述正确的是(　　)。

A. 标准电极电势都是利用原电池装置测得的

B. 同一元素有多种氧化态时,不同氧化态组成电对的标准电极电势不同

C. 电对中有气态物质时,标准电极电势是指气体处在 273 K 和 101.325 kPa 下的电极电势

D. 氧化还原电极的氧化型和还原型浓度相等时的电势也是标准电极电势

45. 在酸性介质中,0.050 mol·L^{-1} 的 $K_2Cr_2O_7$ 能和等体积的 $FeSO_4$ 溶液完全反应,则该 $FeSO_4$ 溶液的浓度为(　　)mol·L^{-1}。

A. 0.10   B. 0.030

C. 0.050   D. 0.30

46. 铜锌原电池的标准电动势 $E^{\ominus}=1.11$ V,现有一铜锌原电池的电动势 $E=1.17$ V,则 Cu^{2+} 与 Zn^{2+} 浓度之比为(　　)。

A. 1:10   B. 1:100

C. 10:1   D. 100:1

47. 关于盐桥叙述中错误的是(　　)。

A. 电子通过盐桥流动

B. 盐桥的电解质中和两个半电池中过剩的电荷

C. 可以维持氧化还原反应进行

D. 盐桥中的电解质不参与反应

48. 原电池 $(-)Pt|Fe^{2+},Fe^{3+}||Ag^+|Ag(+)$ 的 $E^{\ominus}=0.0296$ V,若 Fe^{2+} 和 Fe^{3+} 的浓度相等,则此原电池的电动势等于零时的 $c(Ag^+)$ 为(　　)。

A. 3.16 mol·L^{-1} B. 0.1 mol·L^{-1}

C. 0.316 mol·L^{-1} D. 1 mol·L^{-1}

49. 在用 $K_2Cr_2O_7$ 滴定 Fe^{2+} 时,常用硫、磷混酸作为介质,其中磷酸的主要作用是(　　)。

A. 增大滴定的突跃范围   B. 使终点变色更敏锐

C. 掩蔽干扰离子   D. 调节酸度

50. 有关标准氢电极的叙述中不正确的是(　　)。

A. 标准氢电极是指将吸附纯氢气(分压 101.325 kPa)达饱和的镀铂黑的铂片浸在 H^+ 离子活度为 1 mol·L^{-1} 的酸溶液中组成的电极

B. 使用标准氢电极可以测定所有金属的标准电极电势

C. 任何一个电极的电势绝对值均无法测得,电极电势是指定标准氢电极的电势为零而得到的相对电势

D. 温度指定为 289 K

51. 由 Zn^{2+}/Zn 与 Cu^{2+}/Cu 组成铜锌原电池。25 ℃时,若 Zn^{2+} 和 Cu^{2+} 的浓度各为 0.1 $mol \cdot L^{-1}$ 和 10^{-9} $mol \cdot L^{-1}$,则此时原电池的电动势较标准态时的变化为(   )。

    A. 下降 0.24 V   B. 上升 0.24 V

    C. 上升 0.48 V   D. 下降 0.48 V

52. 用相同质量的 $KHC_2O_4 \cdot 2H_2O$ 两份,分别标定相同浓度的 NaOH 溶液和 $KMnO_4$ 溶液(在酸性介质中),则所消耗的 NaOH 溶液和 $KMnO_4$ 溶液的体积比为(   )。

    A. 2 : 5   B. 5 : 1

    C. 1 : 5   D. 5 : 2

53. 在下列反应中,H_2O_2 作为还原剂的是(   )。

    A. $KIO_3(aq) + 2H^+(aq) + H_2O_2(aq) \!=\!=\! I_2(aq) + 2H_2O(l)$

    B. $KIO_3(aq) + 3H_2O_2(aq) \!=\!=\! KI(aq) + 3O_2(g) + 3H_2O(l)$

    C. $PbS(s) + 4H_2O_2(aq) \!=\!=\! PbSO_4(s) + 4H_2O(l)$

    D. $H_2O_2(aq) + 2Fe^{2+} + 2H^+(aq) \!=\!=\! 2Fe^{3+}(aq) + 2H_2O(l)$

54. 在间接碘量法中,淀粉指示剂应(   )加入。

    A. 滴定至接近终点时   B. 分两次

    C. 在滴定前   D. 在滴定到一半时

55. 某电池 $(-)Zn(s)/ZnSO_4(1\ mol \cdot L^{-1}) \parallel CuSO_4(1\ mol \cdot L^{-1}) \parallel Cu(s)(+)$ 的电动势 $E^\ominus$ 为 1.1037 V,则该电池的吉布斯自由能变 $\Delta_r G_m^\ominus$ 为(   )。

    A. 2.13×10^5 $J \cdot mol^{-1}$ B. -2.13×10^5 $J \cdot mol^{-1}$

    C. 1.56×10^5 $J \cdot mol^{-1}$ D. -1.56×10^5 $J \cdot mol^{-1}$

56. 测甲酸的反应 $MnO_4^- + HCOO^- + 3OH^- \!=\!=\! CO_3^{2-} + MnO_4^{2-} + 2H_2O$ 中,用 $KMnO_4$ 溶液滴定时,采用以下方法中的(   )。

    A. 直接滴定法   B. 间接滴定法

    C. 返滴定法   D. 以上方法均可

57. 在间接碘量法中,被测物总是先与过量的 KI 作用,析出的 I_2 再用 $Na_2S_2O_3$ 滴定,下列(   )不是过量加入 KI 的目的。

    A. 增加淀粉显色的灵敏度   B. 增加反应速度

    C. 减少 I_2 的挥发   D. 减少空气氧化作用的影响

58. 298.15 K 时,判断 Pb+Sn^{2+}(1.00 mol·L^{-1})===Pb^{2+}(0.100 mol·L^{-1})+Sn 的反应自发进行方向(   )。

  A. 正向   B. 逆向

  C. 不能自发进行   D. 无法判断

59. 298.15 K 时,$\varphi^{\ominus}$(Ag$^+$/Ag) = 0.799 V,$\varphi^{\ominus}$(AgCl/Ag) = 0.222 V,AgCl 的 $K_{sp}^{\ominus}$ 为(   )。

  A. 1.79×10^{-12} B. 1.79×10^{-10}

  C. 0.79×10^{-12} D. 0.79×10^{-10}

60. 在电位分析中,指示电极的电极电势和待测离子的活度(   )。

  A. 呈反比关系   B. 呈正比关系

  C. 符合扩散电流关系   D. 符合能斯特方程

61. 已知铁元素电势图为 Fe^{3+} $\xrightarrow{0.771}$ Fe^{2+} $\xrightarrow{-0.441}$ Fe,问 Fe^{2+}能否发生歧化反应?(   )。

  A. 能   B. 不能

  C. 无法判断   D. 通过调酸度能

62. 用于测定溶液 pH 值的玻璃电极,使用前应在(   )中充分浸泡。

  A. 0.1 mol·L^{-1}NaOH   B. 0.1 mol·L^{-1}NaCl

  C. 0.1 mol·L^{-1}HCl   D. 纯水

63. 已知 KMnO$_4$+K$_2$SO$_3$+H$_2$SO$_4$===MnSO$_4$+K$_2$SO$_4$+H$_2$O,配平该反应则 K$_2$SO$_3$ 前的系数为(   )。

  A. 2   B. 3

  C. 5   D. 6

64. 准确称取所制备的氯化亚铜样品 m g,将其置于过量的 FeCl$_3$ 溶液中,待样品完全溶解后,加入适量稀硫酸,用 a mol·L^{-1}的 K$_2$Cr$_2$O$_7$ 溶液滴定到终点,消耗 K$_2$Cr$_2$O$_7$ 溶液 b mL,反应中 Cr$_2$O$_7^-$ 被还原为 Cr^{3+},样品中 CuCl$_2$ 的质量分数为(   )。

  A. $\dfrac{0.597ab}{m} \times 100\%$ B. $\dfrac{0.597b}{m} \times 100\%$

  C. $\dfrac{0.597a}{m} \times 100\%$ D. $0.597ab \times 100\%$

65. 在用酸度计测定溶液的 pH 值时,总是要先用标准缓冲溶液来调试仪器,这个操作称为(   )。

  A. 调零   B. 定位

  C. 校正   D. 调满度

66. 以下说法错误的是(　　)。

A. 降低电对中氧化型物质的浓度,电极电动势数值减小

B. 在非标准状态下,需用电对的电极电势值的相对大小来判断氧化还原反应的方向

C. $K_2Cr_2O_7$ 作为还原剂的还原能力受溶液酸度影响较大,酸度越高,还原能力越强

D. 在电对溶液中加入沉淀剂,若使氧化型物质生成沉淀,则电极电势降低

67. 滴定前预处理时所选用的氧化剂或还原剂应满足下列条件,其中不正确的是(　　)。

A. 必须将欲测组分定量地氧化或还原为指定的型态或价态

B. 预氧化或预还原反应进行完全,速度快

C. 预氧化或预还原反应具有好的选择性,避免其他组分的干扰

D. 剩余的预氧化剂或预还原剂不用处理

68. 25 ℃时,某电位差计测得 pH=4.00 标准缓冲溶液的电动势为 0.209 V,用试液代替标准溶液后测得电动势为 0.327 V,则试液的 pH 值为(　　)。

A. 4.05　　　　　　　　　　B. 4.00

C. 6.00　　　　　　　　　　D. 5.05

69. 下列反应中属于歧化反应的是(　　)。

A. $3Cl_2+6KOH \stackrel{}{=\!=\!=} 5KCl+KClO_3+3H_2O$

B. $BrO_3^-+5Br^-+6H^+ \stackrel{}{=\!=\!=} 3Br_2+3H_2O$

C. $2AgNO_3 \stackrel{}{=\!=\!=} 2Ag+2NO_2+O_2$

D. $KClO_3+6HCl(浓) \stackrel{}{=\!=\!=} 3Cl_2+KCl+3H_2O$

70. 在电势滴定中,采用一级微商法作图。滴定反应的化学计量点即与曲线的(　　)对应。

A. 拐点　　　　　　　　　　B. 最低点

C. 最高点　　　　　　　　　D. 纵坐标为零的点

71. 已知 $\varphi^{\ominus}(Fe^{3+}/Fe^{2+})=0.77$ V,$\varphi^{\ominus}(Fe^{2+}/Fe^+)=-0.41$ V,$\varphi^{\ominus}(O_2/H_2O_2)=0.695$ V,$\varphi^{\ominus}(H_2O_2/H_2O)=1.76$ V,在标准态时,在 H_2O_2 酸性溶液中加入适量的 Fe^{2+},可生成的产物是(　　)。

A. Fe,O_2　　　　　　　　　B. Fe^{3+},H_2O

C. Fe,H_2O　　　　　　　　D. Fe^{3+},O_2

72. 根据下列标准电极电势,$\varphi^{\ominus}(Br_2/Br^-)=1.07$ V,$\varphi^{\ominus}(Fe^{3+}/Fe^{2+})=0.77$ V,

$\varphi^{\ominus}(\mathrm{Sn^{2+}/Sn}) = 0.14\ \mathrm{V}$。则在标准状态时不能共存于同一溶液中的是（　　）。

    A. $\mathrm{Fe^{3+}}$ 和 Sn
        B. $\mathrm{Br_2}$ 和 $\mathrm{Fe^{3+}}$

    C. $\mathrm{Sn^{2+}}$ 和 $\mathrm{Fe^{3+}}$
        D. $\mathrm{Br^-}$ 和 $\mathrm{Sn^{2+}}$

73. 电势滴定是通过不断测量滴定剂加入体积与（　　），再根据它们之间的关系来确定滴定终点的。

    A. 指示电极电势
        B. 参比电极电势

    C. 原电池电动势
        D. 指示剂电势

74. 某溶液中同时存在几种还原剂,若它们在标准状态时都能与同一种氧化剂反应,此时影响氧化还原反应先后进行的因素是（　　）。

    A. 氧化剂和还原剂的浓度

    B. 各可能反应的反应速率

    C. 氧化剂和还原剂之间的电极电势差

    D. 既要考虑 B 又要考虑 C

75. 采用电势滴定法,用 $\mathrm{AgNO_3}$ 滴定试液中的 $\mathrm{Cl^-}$,指示电极选用银电极,则参比电极应选用（　　）电极。

    A. 标准氢
        B. 甘汞

    C. Ag-AgCl
        D. 双盐桥甘汞

76. 碘量法测铜时,加入 KI 的目的是（　　）。

    A. 氧化剂、络合剂、掩蔽剂
        B. 沉淀剂、指示剂、催化剂

    C. 还原剂、沉淀剂、络合剂
        D. 缓冲剂、络合剂、预处理剂

77. 下列半电池反应中,被正确配平的是（　　）。

    A. $\mathrm{H_3AsO_3 + 6H^+ + 6e^- =\!=\!= AsH_3 + 3H_2O}$

    B. $\mathrm{Cr_2O_7^{2+} + 14H^+ + 3e^- =\!=\!= 2Cr^{3+} + 7H_2O}$

    C. $\mathrm{Bi_2O_5 + 10H^+ + 2e^- =\!=\!= Bi^{3+} + 5H_2O}$

    D. $\mathrm{Sn_2^{2+} + OH^- =\!=\!= SnO_3^{2-} + H_2O + 2e^-}$

78. 用 $\mathrm{K_2Cr_2O_7}$ 法测定 Fe 时,若 $\mathrm{SnCl_2}$ 量加入不足,则导致测定结果（　　）。

    A. 偏高
        B. 偏低

    C. 无影响
        D. 无法判断

79. 用 $\mathrm{Na_2C_2O_4}$ 为基准物质标定 $\mathrm{KMnO_4}$ 溶液的浓度,滴定的开始阶段,快速滴入 $\mathrm{KMnO_4}$ 溶液会对标定结果产生什么影响（　　）。

    A. 正误差
        B. 负误差

C. 无影响　　　　　　　　　　D. 无法确定

80. 间接碘量法若在碱性介质下进行,由于(　　　　)歧化反应,将影响测定结果。

A. $S_4O_6^{2-}$　　　　　　　　　　B. I_2

C. I^-　　　　　　　　　　D. $S_2O_3^{2-}$

二、判断题

1. 在氧化还原反应中,得到电子的变化是氧化,失去电子的变化是还原。　　　　　(　　)

2. 配制 I_2 标准溶液时,是将 I_2 溶解在水中。　　　　　(　　)

3. 通常选择标准氢电极作为基准,规定它的电极电势为零。　　　　　(　　)

4. 两个半电池反应构成原电池的两个电极,其中发生氧化反应的为负极,发生还原反应的为正极。　　　　　(　　)

5. $K_2Cr_2O_7$ 是标定硫代硫酸钠标准溶液较为常用的基准物。　　　　　(　　)

6. 在用酸度计测定溶液的pH值时,总是要先用标准缓冲溶液来调试仪器,这个操作叫作校正。　　　　　(　　)

7. φ 值越小,氧化型是越强的氧化剂;φ 值越大,还原型是越强的还原剂。　　　　　(　　)

8. 间接碘量法测定水中 Cu^{2+} 含量,介质的pH值应控制在弱酸性。　　　　　(　　)

9. 常用的氧化还原滴定法有 $KMnO_4$ 法、K_2CrO_7 法和碘量法。　　　　　(　　)

10. 关于制备 I_2 标准溶液,I_2 应先溶解在浓KI溶液中,再稀释至所需体积。　　　　　(　　)

11. 在间接碘量法中,淀粉指示剂应在滴定到一半时加入。　　　　　(　　)

12. 同一个电极反应在不同的条件下,条件电极电势值各不相同。　　　　　(　　)

13. 以淀粉为指示剂滴定时,直接碘量法的终点是从蓝色变为无色,间接碘量法是由无色变为蓝色。　　　　　(　　)

14. 原电池是利用自发的氧化还原反应产生电流的装置,它可使电能转变为化学能。　　　　　(　　)

15. 用高锰酸钾法测定 H_2O_2 时,需通过加热来加速反应。　　　　　(　　)

16. 用 $Na_2C_2O_4$ 为基准物质标定 $KMnO_4$ 溶液的浓度,用 5 $mol\cdot L^{-1}$ 的 H_2SO_4 溶液作为介质对标定结果会造成正误差。　　　　　(　　)

17. 对需要在强酸介质中进行氧化还原滴定,调节酸度通常用 H_2SO_4。　　　　　(　　)

18. 溶液酸度越高,$KMnO_4$ 氧化能力越强,与 $Na_2C_2O_4$ 反应越完全,所以用 $Na_2C_2O_4$ 标定 $KMnO_4$ 时,溶液酸度越高越好。　　　　　(　　)

19. 配好 $Na_2S_2O_3$ 标准滴定溶液后煮沸约 10 min。其作用主要是除去 CO_2 和杀死微生物,促进 $Na_2S_2O_3$ 标准滴定溶液趋于稳定。　　　　　(　　)

20. $2Cu^+ === Cu + Cu^{2+}$ 是一个歧化反应。　　　　　(　　)

三、计算题

1. 已知 $MnO_4^- + 8H^+ + 5e^- \rightleftharpoons Mn^{2+} + 4H_2O$ $\varphi^\ominus = 1.507$ V

$Fe^{3+} + e^- \rightleftharpoons Fe^{2+}$ $\varphi^\ominus = 0.771$ V

（1）判断反应：$MnO_4^- + 5Fe^{2+} + 8H^+ \rightleftharpoons Mn^{2+} + 5Fe^{3+} + 4H_2O$，在标准状态下进行的方向。

（2）写出由上述两个电极所组成的原电池的电池符号，并计算其标准电动势。

（3）当氢离子浓度为 10 mol·L^{-1}，其他离子浓度均为 1.0 mol·L^{-1} 时，计算其标准电池电动势。

2. 半电池反应 $Ag^+ + e^- \rightleftharpoons Ag$ 和 $AgCl(s) + e^- \rightleftharpoons Ag + Cl^-$ 的标准电极电势分别为 0.7994 V 和 0.2222 V。试计算 AgCl 的溶度积常数。

3. 已知反应:$2Ag^+ + Zn \Longrightarrow 2Ag + Zn^{2+}$,开始时 Ag^+ 和 Zn^{2+} 的浓度分别为 $0.10\ mol \cdot L^{-1}$ 和 $0.30\ mol \cdot L^{-1}$。求:

(1)反应进行的方向。

(2)反应的平衡常数。

(3)反应达到平衡时,溶液中 Ag^+ 的浓度。

已知 $\varphi^{\ominus}(Ag^+/Ag) = 0.7994\ V$,$\varphi^{\ominus}(Zn^{2+}/Zn) = -0.7600\ V$。

4. 准确移取 $20.00\ mL$ H_2O_2 样品于 $100.00\ mL$ 容量瓶中,加水至刻度心摇匀。吸取此稀释液 $20.00\ mL$ 于锥形瓶中,加 H_2SO_4 酸化,然后用 $0.02532\ mol \cdot L^{-1}$ $KMnO_4$ 标准溶液滴定到终点时消耗 $27.68\ mL$。试计算样品中 H_2O_2 的含量$(g \cdot L^{-1})$。$[M(H_2O_2) = 34.02\ g \cdot mol^{-1}]$

5. 试剂厂生产的 $FeCl_3 \cdot 6H_2O_2$ 国家规定其二级品的质量分数不小于 99.0%,三级品不小于 98.0%。今称取产品 $0.500\ g$,溶于水后加入 $3\ mL$ 浓盐酸和 $2\ g$ KI,放置后用 $18.17\ mL$ $0.1000\ mol \cdot L^{-1}Na_2S_2O_3$ 标准溶液滴定至终点。试计算产品含量并确定其等级。$[M(FeCl_3 \cdot 6H_2O) = 270.30\ g \cdot mol^{-1}]$

6. 将 1.00 g 试样中的铬氧化成 $Cr_2O_7^{2-}$，再加入 25.00 mL 0.100 mol·L^{-1} $FeSO_4$ 标准溶液，然后用 0.01800 mol·L^{-1} $KMnO_4$ 标准溶液 7.00 mL 回滴过量的 $FeSO_4$。试计算试样中铬的含量。[$M(Cr)$ = 52.00 g·mol^{-1}]

7. 今有 25.00 mL 含 KI 试液，用 10.00 mL 0.05000 mol·L^{-1} KIO_3 溶液处理后，煮沸除去生成的 I_2。冷却后，加入过量的 KI 溶液与剩余的 KIO_3 反应，析出的 I_2 用 21.14 mL 0.1008 mol·L^{-1} $Na_2S_2O_3$ 标准溶液滴定至终点。试计算试液中 KI 的浓度。

第9章　吸光光度分析法

内容提要

吸光光度法是根据物质分子对紫外及可见光谱区的吸收特性和吸收程度,对物质进行定性和定量分析的一种光谱分析方法。本章介绍了吸光光度分析法的基本概念、原理和应用,分光光度计的构造和使用,吸光光度定量分析的主要方法,显色反应及其作用,光度测量条件的选择。

9.1 物质对光的选择性吸收

光是一种电磁波,不同波长的光具有不同的能量:$E = \dfrac{hc}{\lambda}$。可见光的波长段在 400 ~ 800 nm,<400 nm 的为紫外光,>800 nm 的为红外光。受光照射的物质,只能有选择地吸收一定波长的光,被吸收光的能量应等于物质分子发生能级跃迁所需的能量。紫外-可见光的能量可令分子发生电子能级的跃迁;红外光的能量较低,只能使分子产生转动能级和振动能级的跃迁。本章只讨论紫外-可见光吸光分析的方法。

在吸光光度分析中,通常选用待测物质吸收最多的光作为光源来照射,这样分析的灵敏度和准确度都好。这种光的波长称为最大吸收波长(λ_{max})。不同的物质,其 λ_{max} 各不相同。对一个溶液进行波长扫描,可绘得溶液的 A-λ 曲线(也称为光吸收曲线),从中可了解到物质对不同波长光的吸收情况,这也是测定时选择入射光波长的重要依据。对于有色溶液,溶质吸收最多的是与其颜色互补的色光,因此,在使用滤光片来获取单色光的仪器中,选用的滤光片颜色应与溶液的颜色互为补色。

9.2 吸光分析的基本定律

吸光光度法定量分析的根据是朗伯-比尔定律,其数学表达式为

$$A = k \cdot b \cdot c$$

使用朗伯–比尔定律要注意以下几点：

（1）吸光度 A 是无单位的量。液层厚度 b 的单位通常为 cm，比例常数 k（称为吸光系数）的单位与 $b \cdot c$ 有关，原则上 c 可以用任意的浓度单位。要注意的是，当 c 以 $mol \cdot L^{-1}$ 为单位时，k 应改写为 ε，ε 称为摩尔吸光系数，是衡量吸光分析灵敏度的主要指标，其数值大小主要与物质的种类、入射光波长、入射光温度等三个因素有关。

（2）朗伯–比尔定律只有在使用平行单色光照射一定浓度的均匀溶液的情况下，才能准确成立，因此，下述情况会引致朗伯–比尔定律的偏离——即 A 与 c 不呈线性关系：

1）入射光的单色性越差——即波长范围越宽，偏离越严重。采用光栅分光可获得波长范围相对最窄的入射光，三棱镜次之，滤光片的单色性最差。

2）溶液浓度不适宜。浓度太小，溶质的离解度增大；浓度太大，溶质可能发生缔合作用。

3）溶液不均匀——混浊或有沉淀等，会使入射光发生折射或散射。

9.3　定量分析的方法

（1）比较法。只用一个标准溶液，分别测量标准溶液（浓度为 c_s）和待测溶液（设未知浓度为 c_x）的吸光度 A_s 和 A_x，便可求得 c_x

$$c_x = c_s \cdot A_x / A_s$$

测定时，所选用的 c_s 要尽量接近 c_x，以减少测定误差。

（2）标准曲线法。测定一系列浓度各不相同的标准溶液的吸光度后，可绘得 A–c 关系曲线（称为标准曲线或工作曲线）。这是一条通过坐标原点的直线，测出未知溶液的吸光度 A，其浓度 c_x 便可在曲线上直接查到。测定时，未知溶液的测量值要落入标准曲线的线性范围之内，才能有较准确的分析结果。

（3）目视比色法。在白光（复合光）下，比较待测溶液和标准色阶的颜色，按颜色相同则浓度相同的原则，确定待测液的浓度。

9.4　显色反应

为了提高分析灵敏度，大部分被测物在进行吸光度测定之前，通常要令其与显色剂发生显色反应，以生成有较大 ε 值的另一种物质。常见的显色反应大多是配位反应。

9.4.1　显色剂的选择

同一种物质往往可以和多种显色剂发生显色反应,好的显色剂应具备以下条件:

(1)显色剂与被测物质的反应要能定量进行,生成物的组成要恒定。

(2)选择性要高。最好的情况是,显色剂除了和被测组分发生反应外,不与或仅与很少其他共存组分发生反应。

(3)显色产物的 ε 值要足够大。一般来说,在最大吸收波长处 ε 值有 $10^4 \sim 10^5$ 的数量级,才认为有较高的分析灵敏度。

(4)显色产物的稳定性要足够高。

(5)反应条件不能要求太苛刻。

9.4.2　显色反应条件的选择

显色反应需控制的反应条件通常为:显色剂的用量、酸度、显色时间和温度,要通过试验确定。试验的方法是固定被测物质的浓度和其他反应条件,只是不断改变其中一个反应条件进行多次测试,以确定该条件的最佳范围,当各个反应条件的范围都确定后再综合起来。

9.5　光度测量条件的选择

9.5.1　入射光波长的选择

(1)没有干扰时,通常选最大吸收波长(λ_{max})。

(2)有干扰物质存在时,选择干扰小、灵敏度又不很低的波长(以吸收曲线为依据)。

9.5.2　吸光度范围的选择

在指针式光度计上,被测溶液的吸光度(A)值通常要控制在 $0.2 \sim 0.8$ 的范围内,以提高准确度,这个控制可通过改变溶液浓度或选用不同厚度的比色皿实现。有人提出,测定时读取透光率 T 的读数(T 是均匀刻度,A 是对数刻度),再将 T 值换算为 A 值(只有 A 才与 c 呈线性关系),用这种方法可以减少因 A 值标尺不均匀所带来的读数误差。A 与 T 的换算关系为:$A = -\lg T$ 或 $T = 10^{-A}$。

9.5.3　参比溶液的选择

参比溶液的作用是用来消除由于吸收池、溶液中的其他组分、溶剂和显色剂等对入射光的吸收和反射所带来的误差,用参比溶液调零后标准曲线才能通过原点。

参比溶液的选择应视被测溶液的具体情况而定,总的原则是,被测溶液与参比溶液的吸光度之差,应是被测组分的真实吸光度。

9.6　吸光光度分析法的应用

吸光光度分析法适用于低含量物质的测定,具有灵敏度高、准确性好、操作简便的特点。它的应用很广泛,大多数物质都可以找到行之有效的方法予以测定。它除了可以进行单组分的含量测定,也可以进行多组分混合物的同时分析;除了对低浓度溶液的测定,也可以采用示差法对高浓度溶液进行测定;同时在配合物组成的测定上也有应用。

 练习题

9.1　物质对光的选择性吸收

一、选择题

1. 物质的颜色是由于选择性吸收了白光中的某些波长的光所致。$KMnO_4$ 溶液呈现紫红色是由于它吸收了白光中的(　　　)。

    A. 蓝色光波　　　　　　　　　　　B. 绿色光波

    C. 黄色光波　　　　　　　　　　　D. 青色光波

2. 下列说法错误的是(　　　)。

    A. 不同物质对各种波长的光的吸收具有选择性

    B. 光的频率越高,则其波长就越短,其光子所携带的能量就越高

    C. 透射光与吸收光互为补色光,黄色和蓝色互为补色

    D. 不同浓度的高锰酸钾溶剂,其最大吸收波长也不同

3. 分光光度计检测器直接测定的是(　　　)。

    A. 入射光的强度　　　　　　　　　B. 吸收光的强度

    C. 透过光的强度　　　　　　　　　D. 透过光的波长

4. 可见光区的波长范围是( )。

    A. 200 ~ 400 nm   B. 400 ~ 750 nm

    C. 750 ~ 1000 nm   D. 100 ~ 200 nm

二、判断题

1. 溶液呈现的颜色为透过光的颜色。   ( )

2. 当一束白光透过一有色溶液时, 若某种波长的光被吸收, 则溶液的颜色为该波长的光的颜色。   ( )

3. 分光光度法是基于物质对光的选择性吸收而建立起来的分析方法。   ( )

4. 当光与物质作用时, 某些频率的光被物质吸收会使光的强度减弱。   ( )

5. 对某物质的溶液进行稀释时, 其吸收曲线的形状也随之改变。   ( )

6. 对有色溶液进行稀释时, 其最大吸收波长的位置一般会发生变化。   ( )

7. 不同浓度的高锰酸钾溶液, 它们的最大吸收波长也不同。   ( )

8. 透射光和吸收光按一定比例混合而成白光, 故称这两种光为互补色光。   ( )

9. 在其余条件不变的情况下, 光吸收曲线的形状会随着物质浓度变化而改变。

                                                             ( )

9.2 吸光分析的基本定律

一、选择题

1. 有关透光度和吸光度, 下列说法正确的是( )。

    A. 透光度 T 越小, 则吸光度 A 越大, 说明物质对光的吸附越多

    B. 透光度 T 越小, 则吸光度 A 越小, 说明物质对光的吸附越少

    C. 透光度 T 越大, 则吸光度 A 越大, 说明物质对光的吸附越多

    D. 透光度 T 越大, 则吸光度 A 越小, 说明物质对光的吸附越多

2. 某物质溶液测得透光率为 T, 若用浓度为其 2 倍的该物质溶液在相同条件下测定透光率, 则透光率应为( )。

    A. T^2 B. $T^{1/2}$

    C. $1/2T$ D. $2T$

3. 浓度为 $0.51 \text{ mg} \cdot \text{mL}^{-1}$ 的 Cu^{2+} 溶液, 用双环己酮草酰二腙光度法测定。在 600 nm 波长处用 1 cm 比色皿测得 $A=0.297$, 则摩尔吸光系数为( )。

    A. $3.8 \text{ L} \cdot \text{mol}^{-1} \cdot \text{cm}^{-1}$ B. $19 \text{ L} \cdot \text{mol}^{-1} \cdot \text{cm}^{-1}$

    C. $38 \text{ L} \cdot \text{mol}^{-1} \cdot \text{cm}^{-1}$ D. $0.19 \text{ L} \cdot \text{mol}^{-1} \cdot \text{cm}^{-1}$

4.下列有关吸光系数的说法,错误的是(　　)。

　　A.摩尔吸光系数 ε 在数值上等于浓度为 $1\ mol \cdot L^{-1}$、液层厚度为 $1\ cm$ 时,该溶液在某一波长下的吸光度

　　B.质量吸光系数 a 相当于浓度为 $1\ g \cdot L^{-1}$、液层厚度为 $1\ cm$ 时,该溶液在某一波长下的吸光度

　　C.质量吸光系数 a 的单位为 $L \cdot mol^{-1} \cdot cm^{-1}$

　　D.摩尔吸光系数 ε 与质量吸光系数 a 的关系为 $\varepsilon = a \cdot M$

5.下列有关摩尔吸光系数 ε 的说法,错误的是(　　)。

　　A.吸收物质在一定波长和溶剂条件下的特征常数

　　B.在温度和波长等条件一定时, ε 仅与吸收物质本身的性质有关

　　C.同一吸收物质在不同波长下的 ε 值是相同的

　　D. ε_{max} 表明了该吸收物质最大限度的吸光能力,也反映了光度法测定该物质可能达到的最大灵敏度

6.某溶液的浓度为 $1.0 \times 10^{-5}\ mol \cdot L^{-1}$,用 $1.0\ cm$ 比色皿时测得吸光度为 0.40,则其溶质的摩尔吸光系数为(　　)。

　　A. 4.0×10^4　　　　　　　　　　B. 4.0×10^6

　　C. 4.0×10^{-6}　　　　　　　　　D. 1.0×10^{-4}

7.引起朗伯-比尔定律偏离的因素不包括(　　)。

　　A.非单色光　　　　　　　　　　B.介质不均匀

　　C.溶液浓度过高　　　　　　　　D.温度过高

8.决定吸光物质摩尔吸光系数大小的是(　　)。

　　A.吸光物质的性质　　　　　　　B.光源的强度

　　C.吸光物质的浓度　　　　　　　D.检测器的灵敏度

9.某物质摩尔吸光系数很大,则表明(　　)。

　　A.该物质对某波长光的吸光能力很强

　　B.该物质浓度很大

　　C.测定该物质的精密度很高

　　D.测量该物质产生的吸光度很大

10.吸光性物质的摩尔吸光系数与下列(　　)因素有关。

　　A.比色皿厚度　　　　　　　　　B.该物质浓度

　　C.吸收池材料　　　　　　　　　D.入射光波长

二、判断题

1. 朗伯-比尔定律不适用于乳浊液。　　　　　　　　　　　　　　　　（　　）

2. 符合朗伯-比尔定律的有色溶液,当有色物质的浓度增加时,吸光度是增大的。

　　　　　　　　　　　　　　　　　　　　　　　　　　　　　　　　（　　）

3. 有色络合物的摩尔吸光系数与比色皿厚度、有色络合物的浓度有关。　（　　）

4. 摩尔吸光系数随浓度增大而增大。　　　　　　　　　　　　　　　　（　　）

5. 透射比 T 随比色皿加厚而减小。　　　　　　　　　　　　　　　　（　　）

6. 分光光度法中,摩尔吸光系数的值随入射光的波长增加而减小。　　（　　）

7. 朗伯-比尔定律只适用于单色光,入射光的波长范围越狭窄,吸光光度测定的准确度越高。　　　　　　　　　　　　　　　　　　　　　　　　　　　　（　　）

9.3　定量分析的方法

选择题

1. 用同种有色物质配制不同浓度 c_1,c_2 的溶液,在同一波长下,浓度为 c_1 的溶液用 1 cm 的比色皿,浓度为 c_2 的溶液用 2 cm 的比色皿,测得的吸光度相同,则 c_1,c_2 的关系为(　　　)。

　　　A. c_1 是 c_2 的 2 倍　　　　　　　　B. c_2 是 c_1 的 2 倍

　　　C. c_2 和 c_1 相等　　　　　　　　　D. c_2 和 c_1 无法比较

2. 5.00×10^{-5} mol $\cdot$ L^{-1} KMnO$_4$ 溶液在 520 nm 波长处用 2 cm 比色皿测得吸光度 $A=$ 0.224。另一浓度的 KMnO$_4$ 溶液在相同条件下测得吸光度为 0.448,则其浓度为(　　　)。

　　　A. 1.00×10^{-5} mol $\cdot$ L^{-1}　　　　　B. 1.00×10^{-4} mol $\cdot$ L^{-1}

　　　C. 2.00×10^{-5} mol $\cdot$ L^{-1}　　　　　D. 3.00×10^{-4} mol $\cdot$ L^{-1}

3. 有 A、B 两份相同浓度的有色溶液,A 用 1.0 cm 吸收池,B 用 3.0 cm 吸收池,在同一波长下它们的透光率的关系为(　　　)。

　　　A. $T_A = T_B$　　　　　　　　　　　B. $T_A^3 = T_B$

　　　C. $T_B^3 = T_A$　　　　　　　　　　D. $3\,T_A = T_B$

4. 某有色溶液,当用 1 cm 吸收池时,其吸光度值为 A,若改用 2 cm 吸收池,则吸光度值应为(　　　)。

　　　A. $2A$　　　　　　　　　　　　　　B. A^2

　　　C. $A^{1/2}$　　　　　　　　　　　　D. $2\lg A$

5. 目视比色法中,常用的标准系列法是比较(　　　)。

A. 透过溶液的光强度　　　　　　　　B. 溶液吸收光的强度

C. 溶液对白色的吸收程度　　　　　　D. 一定厚度溶液的颜色深浅

6. 分光光度定量分析中的标准曲线,也称为(　　　)。

A. 工作曲线　　　　　　　　　　　　B. 光吸收曲线

C. A-λ 曲线　　　　　　　　　　　D. 以上说法都不对

9.4　显色反应

一、选择题

1. 若仅待测组分与显色剂反应产物在测定波长处有吸收,其他所加试剂均无吸收,用(　　　)作参比溶液。

A. 试剂空白　　　　　　　　　　　　B. 纯溶剂(水)

C. 试液空白　　　　　　　　　　　　D. 褪色参比

2. 常通过(　　　)来控制吸光度。

A. 改变称样量　　　　　　　　　　　B. 稀释溶液

C. 比色皿厚度　　　　　　　　　　　D. A、B 和 C

3. 显色反应中,在测定波长处,选择显色剂的原则不正确的是(　　　)。

A. 灵敏度高　　　　　　　　　　　　B. 选择性好

C. 性质稳定　　　　　　　　　　　　D. $\Delta \lambda < 60$ nm

4. 用邻菲罗啉法测定锅炉水中的铁,pH 需控制在 4~6,通常选择(　　　)缓冲溶液较合适。

A. 邻苯二甲酸氢钾　　　　　　　　　B. NH_3-NH_4Cl　　$pK_b(NH_3) = 4.75$

C. $NaHCO_3$-Na_2CO_3　　　　　　D. HAc-NaAc　　$pK_a(HAc) = 4.75$

二、判断题

1. 不少显色反应需要一定时间才能完成,而且形成有色配合物的稳定性也不一样,因此必须在一定时间内完成。　　　　　　　　　　　　　　　　　　　　　　(　　　)

2. 在分析工作中,选择合适的显色剂是为了提高分析的灵敏度和准确度。　　(　　　)

3. 分光光度分析中,所选择的显色剂必须只与某一特定组分(被测组分)发生显色反应,而与其他组分均不能发生显色反应。　　　　　　　　　　　　　　　　(　　　)

4. 某显色剂在 pH 3~6 时显黄色,pH 6~12 时显橙色,在 pH>13 时显红色,该显色剂与某金属络合显红色,则该显色剂反应只能在弱酸溶液中进行。　　　　　　　　(　　　)

9.5　吸光度测量条件的选择

一、选择题

1. 符合比尔定律的有色溶液稀释时,其最大吸收峰的波长位置(　　)。

　　A. 向长波方向移动　　　　　　　　B. 向短波方向移动

　　C. 不移动,但峰高降低　　　　　　D. 无任何变化

2. 吸光光度分析中比较适宜的吸光度范围是(　　)。

　　A. 0.1 ~ 1.2　　　　　　　　　　B. 0.2 ~ 0.8

　　C. 0.05 ~ 0.6　　　　　　　　　　D. 0.2 ~ 1.5

3. 显色剂无色,被测溶液中存在其他有色离子,在比色分析中,宜选择的参比溶液是(　　)。

　　A. 蒸馏水　　　　　　　　　　　　B. 显色剂

　　C. 加入显色剂的被测溶液　　　　　D. 不加显色剂的被测溶液

4. 在分光光度分析中,显示剂有色,宜选择的参比溶液是(　　)。

　　A. 蒸馏水　　　　　　　　　　　　B. 待测溶液

　　C. 不加试样溶液的试剂空白　　　　D. 加入显色剂后的待测夜

5. 当吸光度 A 为(　　)时,测量的相对误差最小。

　　A. 0.289　　　　　　　　　　　　B. 0.325

　　C. 0.879　　　　　　　　　　　　D. 0.434

6. 在分光光度测定中,试样溶液有色,显色剂本身无色,溶液中除被测离子外,其他共存离子与显色剂不生色,此时应选(　　)为参比。

　　A. 溶剂空白　　　　　　　　　　　B. 试液空白

　　C. 试剂空白　　　　　　　　　　　D. 褪色参比

7. 光度测量中,显色体系的 λ_{max} 与试剂空白的 λ_{max} 的差值最好应满足(　　)。

　　A. <60 nm　　　　　　　　　　　B. ≥60 nm

　　C. <40 nm　　　　　　　　　　　D. ≥40 nm

8. 分光光度法中,吸光度 A 与浓度 c 是成比的,但在实际应用中,若条件不适宜,往往 A 不正比于 c,这种现象称(　　)。

　　A. 朗伯-比尔偏离　　　　　　　　B. 光源不稳定

　　C. 溶液不纯　　　　　　　　　　　D. 溶液无色

二、判断题

1.用分光光度计进行比色测定时,只能选择最大波长进行比色,这样灵敏度高。

( )

2.分光光度法中所用的参比溶液总是采用不含被测物质和显色剂的空白溶液。

( )

3.分光光度法中,测量的吸光度越大,测量结果的相对误差越小。 ( )

9.6 吸光光度分析法的应用

一、选择题

1.质量相同的 Fe^{3+} 和 Cd^{2+}[$Ar(Fe)=55.85,Ar(Cd)=112.4$],各用一种显色剂在同样体积溶液中显色,用分光光度法测定,前者用 2 cm 比色皿,后者用 1 cm 比色皿,测得的吸光度相同,则两有色络合物的摩尔吸光系数为( )。

  A.完全相同   B.Cd^{2+} 为 Fe^{3+} 的 4 倍

  C.Cd^{2+} 为 Fe^{3+} 的 2 倍   D.Fe^{3+} 为 Cd^{2+} 的 2 倍

2.化合物 a 比化合物 b 的摩尔吸光系数大得多,则表明( )。

  A.化合物 a 比 b 的浓度高   B.化合物 b 的光吸收能力更强

  C.测定 a 的灵敏度比 b 高   D.测定 a 的准确度比 b 高

3.单一组分的测定一般可以采用( )。

  A.标准曲线法   B.标准比较法

  C.示差法   D.A 和 B

4.高含量组分的测定,常采用示差吸光光度法,该方法所选用参比溶液的浓度 c_s 与待测溶液浓度 c_x 的关系是( )。

  A.$c_s=c_x$ B.$c_s>c_x$

  C.c_s 稍低 c_x D.无任何关系,大或小均可

二、判断题

1.示差分光光度法的参比溶液为标准溶液。 ( )

2.吸光度具有加和性。 ( )

3.如果混合溶液中两组分的吸光曲线有部分重叠,则不能用分光光度法进行定量测定。 ( )

复习思考题

一、选择题

1. 符合朗伯-比尔定律的溶液稀释后,其最大吸光度所对应的波长将(　　)。

　　A. 向长波方向移动　　　　　　　　B. 向短波方向移动

　　C. 不移动,但吸收峰高值降低　　　　D. 全无变化

2. 通常可见光的波长范围为(　　)。

　　A. $10 \sim 20$ nm　　　　　　　　　B. $200 \sim 400$ nm

　　C. $400 \sim 800$ nm　　　　　　　　D. $800 \sim 2500$ nm

3. 可见光可以使被照射物质的分子发生(　　)。

　　A. 电子的能级跃迁　　　　　　　　B. 转动能级跃迁

　　C. 平动能级跃迁　　　　　　　　　D. 振动能级跃迁

4. 吸光光度法中,选择合适的入射光波长的方法是(　　)。

　　A. 配制标准色阶　　　　　　　　　B. 绘制光吸收曲线

　　C. 绘制标准曲线　　　　　　　　　D. 绘制工作曲线

5. 在吸光光度法中,$A\text{-}\lambda$ 关系曲线称为(　　)。

　　A. 光吸收曲线　　　　　　　　　　B. 标准曲线

　　C. 工作曲线　　　　　　　　　　　D. 波段曲线

6. 分光光度法与光电比色法不同之处在于(　　)。

　　A. 获得单色光的方法不同　　　　　B. 原理不同

　　C. 显色反应不同　　　　　　　　　D. 吸收曲线不同

7. 溶质的摩尔吸光系数与下列因素有关的是(　　)。

　　A. 浓度　　　　　　　　　　　　　B. 比色皿材料

　　C. 液层厚度　　　　　　　　　　　D. 入射光波长

8. 对提高吸光光度分析灵敏度无关的因素是(　　)。

　　A. 溶液的浓度　　　　　　　　　　B. 溶质的性质

　　C. 入射光波长　　　　　　　　　　D. 温度

9. 吸光光度法属于(　　)分析法。

　　A. 化学　　　　　　　　　　　　　B. 仪器

　　C. 滴定　　　　　　　　　　　　　D. 物理

10. 在吸光光度法中,一般情况下入射光应选择( )。

    A. 与溶液颜色相同的光   B. 被测组分吸收最多的光

    C. 最易透过的光   D. 波长为 400~800 nm 的光

11. 在使用滤光片获得单色光时,滤光片的颜色与溶液的颜色应( )。

    A. 相同   B. 相反

    C. 接近   D. 互为补色

12. 某溶液测得透光率为 T,若将其稀释一倍后在相同条件下测定,则透光率应为( )。

    A. T^2 B. $T^{\frac{1}{2}}$

    C. $\frac{1}{2}T$ D. $2T$

13. 某溶液用 1 cm 比色皿时测得透光率为 T,改用 2 cm 比色皿后再测定,则透光率应为( )

    A. T^2 B. $T^{\frac{1}{2}}$

    C. $\frac{1}{2}T$ D. $2T$

14. 某溶液的浓度为 1.0×10^{-5} mol·L^{-1},用 2.0 cm 比色皿时测得吸光度为 0.20,则其溶质的摩尔吸光系数为( )。

    A. 1.0×10^4 B. 1.0×10^6

    C. 4.0×10^{-6} D. 1.0×10^{-4}

15. 某溶液的浓度为 1.0×10^{-4} mol·L^{-1},溶质的摩尔吸光系数为 1.0×10^4,用 1.0 cm 比色皿时测得吸光度应为( )。

    A. 1.0   B. 0.10

    C. 10   D. 0.010

16. 在吸光光度分析中,下列哪种方法只用到一个标准溶液( )。

    A. 目视比色法   B. 比较法

    C. 标准曲线法   D. 工作曲线法

17. 在吸光光度分析的标准曲线法中,对溶液的浓度要求是要( )。

    A. 较大   B. 较小

    C. 在线性范围之内   D. 与某个标准溶液接近

18. 示差分光光度法中,所用的参比溶液是( )。

    A. 掩蔽了待测组分的试液   B. 标准溶液

    C. 试剂空白   D. 溶剂空白

19. 含 Fe_2O_3 0.25 mg·L^{-1} 的标准溶液,测得吸光度为 0.37。某试液稀释 5 倍后在相同的条件下测得吸光度为 0.40,则原试液中 Fe_2O_3 的含量为(　　)mg·L^{-1}。

    A. 0.28　　　　　　　　　　　　　B. 1.1

    C. 1.4　　　　　　　　　　　　　　D. 0.23

20. 两份含相同组分的试液,第一份浓度为 $6.5×10^{-4}$ mol·L^{-1},测得透光率为 65.0%;第二份测得透光率为 41.8%,则其浓度为(　　)mol·L^{-1}。

    A. $1.3×10^{-3}$　　　　　　　　　　B. $3.2×10^{-3}$

    C. $4.2×10^{-4}$　　　　　　　　　　D. $1.0×10^{-3}$

21. 所谓可见光区,所指的波长范围是(　　)。

    A. 200 ~ 400 nm　　　　　　　　　B. 400 ~ 750 nm

    C. 750 ~ 1000 nm　　　　　　　　D. 100 ~ 200 nm

22. 一束(　　)通过有色溶液时,溶液的吸光度与溶液浓度和液层厚度的乘积成正比。

    A. 可见光　　　　　　　　　　　　B. 平行单色光

    C. 白光　　　　　　　　　　　　　D. 紫外光

23. 下列说法正确的是(　　)。

    A. 朗伯-比尔定律,浓度与吸光度的关系是一条通过原点的直线

    B. 朗伯-比尔定律成立的条件是稀溶液,与是否单色光无关

    C. 最大吸收波长 λ_{max} 指物质能对光产生吸收所对应的最大波长

    D. 朗伯-比尔定律不适用于真溶液

24. 某一物质在不同波长处吸光系数不同,在溶液中,随着该物质浓度的增大,最大吸收波长(　　)。

    A. 向长波方向移动　　　　　　　　B. 向短波方向移动

    C. 不移动,但峰高升高　　　　　　D. 无任何变化

25. 标准工作曲线不过原点的可能的原因是(　　)。

    A. 显色反应的酸度控制不当　　　　B. 显色剂的浓度过高

    C. 吸收波长选择不当　　　　　　　D. 参比溶液选择不当

26. 某物质摩尔吸光系数很大,则表明(　　)。

    A. 该物质对某波长的吸光度很强　　B. 该物质浓度很大

    C. 测定该物质的精密度很高　　　　D. 该物质产生的吸光度很大

27. 吸光性物质的摩尔吸光系数与下列(　　)因素有关。

    A. 比色皿厚度　　　　　　　　　　B. 该物质浓度

C. 吸收池材料   D. 入射光波长

28. 有 A、B 两份不同浓度的有色溶液,A 用 1.0 cm 吸收池,B 用 3.0 cm 吸收池,在同一波长下测得的吸光度值相等,则它们的浓度关系为(　　)。

     A. A 是 B 的 1/3   B. A 等于 B

     C. B 是 A 的 3 倍   D. B 是 A 的 1/3

29. 某有色溶液,当用 1 cm 吸收池时,其透射比为 T,若改用 2 cm 吸收池,则透射比应为(　　)。

     A. $2T$ B. $2\lg T$

     C. $T^{1/2}$ D. T^2

30. 用常规分光光度计法测得标准溶液的透射率为 20%,试剂透射率为 10%,若以示差分光光度法测定试剂,以标准溶液为参比,则透射率为(　　)。

     A. 20%   B. 40%

     C. 50%   D. 80%

31. 用分光光度计测量有色化合物,浓度相对标准偏差最小的吸光度为(　　)。

     A. 0.368   B. 0.334

     C. 0.443   D. 0.434

32. 在分光光度测量中,如试样溶液有色,显色剂本身无色,溶液中除被测离子外,其他共存离子与显色剂不生色,此时应选(　　)为参比。

     A. 溶剂空白   B. 试剂空白

     C. 试液空白   D. 褪色参比

33. 下面操作正确的是(　　)。

     A. 比色皿外壁有水珠   B. 手捏比色皿的磨光面

     C. 手捏比色皿的毛面   D. 用报纸去擦比色皿外壁的水

34. 当吸光度 $A=0$ 时,T 为(　　)。

     A. 0   B. 10%

     C. 100%   D. ∞

35. 符合吸收定律的溶液稀释时,其最大吸收峰波长位置(　　)。

     A. 向长波移动   B. 向短波移动

     C. 不移动   D. 不移动,吸收峰值降低

36. 物质吸收光辐射后产生紫外-可见光吸收光谱,这是由于(　　)。

     A. 分子的振动   B. 分子的转动

     C. 原子核外电子的跃迁   D. 分子的振动和转动

37.在符合朗伯-比尔定律的范围内,有色物的浓度、最大吸收波长、吸光度三者的关系是(   )。

    A.增加,增加,增加   B.减小,不变,减小

    C.减小,增加,增加   D.增加,不变,减小

38.双波长分光光度计与单波长分光光度计的主要区别在于(   )。

    A.光源的种类   B.检测器的个数

    C.吸收池的个数   D.使用的单色器的个数

39.下面说法正确的是(   )。

    A.透射比 T 与浓度呈直线关系

    B.摩尔吸光系数 ε 随波长而变

    C.比色法测定 MnO_4^- 选红色光片,是因为 MnO_4^- 呈红色

    D.玻璃棱镜适于紫外区使用

40.下面说法错误的是(   )。

    A.吸收峰随浓度的增大而增大,但最大吸收波长不变

    B.透射光与吸收光互为补色光,黄色和蓝色互为补色

    C.比色法又称分光光度法

    D.摩尔吸光系数,其数值越大,显色反应越灵敏

41.物质的颜色是由于选择性吸收了白光中的某些波长的光所致。$CuSO_4$ 溶液呈现蓝色是由于它吸收了白光中的(   )。

    A.蓝色光波   B.绿色光波

    C.黄色光波   D.青色光波

42.在分光光度法中宜选用的吸光度读数范围为(   )。

    A.0~0.2   B.0.1~0.3

    C.0.3~1.0   D.0.2~0.7

43.钨灯可作为下述(   )分析的光源。

    A.紫外原子光谱   B.紫外分子光谱

    C.红外分子光谱   D.可见光分子光谱

44.在可见-紫外分光光度计中,用于紫外区的光源是(   )。

    A.钨灯   B.卤钨灯

    C.氢灯   D.能斯特光源

45.用邻菲罗林法测定微量铁时,加入抗坏血酸的目的是(   )。

    A.调节酸度   B.作氧化剂

C. 作还原剂   D. 作显色剂

46. 在紫外吸收光谱曲线中,能用来定性的参数是( )。

    A. 最大吸收峰的吸光度   B. 最大吸收峰的波长

    C. 最大吸收峰处的摩尔吸光系数   D. B 和 C

47. 有两种不同有色溶液均符合朗伯-比尔定律,测定时若比色皿厚度、入射光强度及溶液浓度皆相等,则以下说法正确的是( )。

    A. 透过光强度相等   B. 吸光度相等

    C. 吸光系数相等   D. 以上说法都不对

48. 原子吸收的定量方法——标准加入法,消除了下列( )干扰。

    A. 分子吸收   B. 背景吸收

    C. 光散射   D. 基体效应

49. 假定 $\Delta T = \pm 0.50\%$ $A = 0.699$,则测定结果的相对误差为( )。

    A. ±1.55%   B. ±1.36%

    C. ±1.44%   D. ±1.63%

50. 双波长分光光度计的输出信号是( )。

    A. 样品吸收与参比吸收之差

    B. 样品吸收与参比吸收之比

    C. 样品在测定波长的吸收与参比波长的吸收之差

    D. 样品在测定波长的吸收与参比波长的吸收之比

二、判断题

1. 物质呈现不同的颜色,仅与物质对光的吸收有关。   ( )

2. 不同浓度的高锰酸钾溶剂,其最大吸收波长也不同。   ( )

3. 绿色玻璃是基于吸收紫外光而透过了绿色光。   ( )

4. 比色分析时,溶剂注入比色皿的 3/4 高度处。   ( )

5. 单色器是一种能从复合光中分出一种所需波长的单色光的光学装置。   ( )

6. 用分光光度计进行比色测定时,必须选择最大的吸收波长进行比色,这样灵敏度高。   ( )

7. 不少显色反应需要一定时间才能完成,而且形成有色配合物的稳定性也不一样,因此必须在显色后一定时间内进行。   ( )

8. 有色物质的吸光度 A 是透光度的倒数。   ( )

9. 在分光光度计分析中,入射光强度与透射光强度之比称为吸光度,吸光度的倒数的对数为透光率。   ( )

10. 有色溶液的吸光度为 0,其透光率也为 0。　　　　　　　　　（　　）

11. 摩尔吸光系数(ε)的单位为 $L \cdot mol^{-1} \cdot cm^{-1}$。　　　　（　　）

12. 摩尔吸光系数 ε 随浓度的增大而增大。　　　　　　　　（　　）

13. 在其余条件不变的情况下,吸光度 A 随浓度的增大而增大。　　（　　）

14. 在其余条件不变的情况下,透射比 T 随浓度的增大而减小。　　（　　）

15. 在其余条件不变的情况下,透射比 T 随比色皿的加厚而减小。　（　　）

16. 透射比与吸光度的关系是 $\lg T = A$。　　　　　　　　　　　（　　）

17. 摩尔吸光系数与入射光波长及溶液浓度有关。　　　　　　　　（　　）

18. 分光光度计(可见)光的光源是氘灯。　　　　　　　　　　　　（　　）

19. 在其余条件不变的情况下,光吸收曲线的形状会随着物质浓度变化而变化。（　　）

20. 分光光度计检测器直接测得的是入射光的强度。　　　　　　　（　　）

三、计算题

1. 测定土壤中全磷时,进行下列实验:

(1)称取 1.00 g 土壤,经消化后定容为 100 mL。然后取 10.00 mL 提取液,在 50 mL 容量瓶中显色定容;

(2)磷标准溶液的组成量度为 10 μg·mL^{-1},吸取 4.00 mL 此标准溶液于 50 mL 容量瓶中显色定容;

(3)用比色法测得标准溶液的吸光度为 0.125,土壤试液的吸光度为 0.250。

求该土壤中磷的百分含量。

2. NO_2^- 在 335 nm 处 $\varepsilon_{335} = 23.3$，且 $\varepsilon_{335}/\varepsilon_{302} = 2.50$；$NO_3^-$ 在 335 nm 处的吸收可忽略，NO_3^- 在波长 302 nm处 $\varepsilon_{302} = 7.24$。今有一个含有 NO_3^-、NO_2^- 的试液，用 1 cm 的比色皿测得 $A_{302} = 1.010$，$A_{335} = 0.730$。计算试液中 NO_3^- 和 NO_2^- 的浓度。

3. 用二硫腙光度法测定 Pb^{2+}，Pb^{2+} 的浓度为 7.72×10^{-6} mol $\cdot$ L^{-1}，用 2 cm 比色皿在 520 nm 下测得 $T = 53\%$，求摩尔吸收系数。

第 10 章　无机及分析化学在线考试系统简介

内容提要

传统化学类课程的考核需花费大量人力、物力和财力,教师异常辛苦,且试题覆盖面受到限制,成绩不能很好地反映学生的学习情况。现代网络技术的应用使教学发生了很大的变革,将互联网技术与考试相结合的研究逐渐成为热点。网络考试不仅可以减轻教师的负担,在现阶段招生规模大,教学资源相对紧张的现实条件下,网络考试还能提高教学质量。基于此,本书建设了配套的网络考试系统(http://10.120.10.45:8005/yan)。该系统为"基础化学在线考试系统",它实为一个化学类课程的在线考试平台,"无机及分析化学"已在此平台上完成了在线考试系统的建设并已投入使用。

10.1　网络考试系统的目标与设计原则

该系统建设的目标是通过在线考试,实现化学知识点考试网络化、无纸化、智能化,实现考试"公平、公正、公开"。通过考生管理,实现考试记录的档案化管理,系统能生成准考证、主考单位以及考生成绩,参加考试记录及打印学生成绩;通过考试系统建设,规范基础数据,题库试题都是学生必须掌握的基础知识,通过考试结果,能够看到题目正确率情况,为教学提供参考;强大的试题批量录入功能;支持试题批量导入、批量导出,支持图片、动画、声音、影片等多媒体试题的录入;支持复杂公式录入;系统可以对所有或部分考生成绩进行查询、统计、分析,并可以针对单个试题进行正确率统计。界面友好,操作便捷,系统稳定,在扩展性、兼容性、运行效率方面表现较好。

考试系统的设计遵循以下原则:①实用易用原则。重点满足高校学生现实需要,解决实际问题,做细核心功能,兼顾辅助功能,实现快捷、可靠地部署和使用。系统的各项功能一目了然,满足用户的使用习惯,易使用、易维护、易升级,实现"傻瓜相机"式的操作。②先进性原则。采用先进的技术架构,结构化程度高,扩展性、升级性好,符合未来发展趋势,可以以本系统为平台构建综合学习平台。③稳定性原则。系统从底层数据库到功能层必须经过严格测试,数据库稳定,能在不同的硬件环境中长期平稳运行。④安全性原则。系统能有效防止外部各种病毒的攻击,内部数据具有多种备份方式,通过权限控制,具有严格、细致的访问控制,保证内部数据安全。

10.2 网络考试系统的模块设计与功能

10.2.1 网络考试系统的模块设计

本考试系统共有八个功能模块,如图 10-1。系统首页要求用户登录或注册,用户可根据不同身份进入系统。学生注册后,必须通过管理员或者任课教师审核,才能使用本系统。

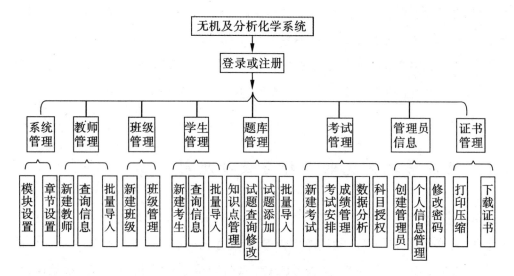

图 10-1 基础化学在线考试系统

10.2.2 网络考试系统的功能概述

10.2.2.1 学生管理

(1)本校学生管理

1)信息管理。由管理员或任课教师直接批量导入学生信息,也可个人注册。学生的信息包括身份证号、学号、专业、年级、班级、性别和联系方式等。其中姓名、学号和身份证号为必填关键字段。

2) 本校学生通过学号登录系统。离校后自动转为非本校学生,需重新用身份证注册才能登录,重新注册后归类为非本校学生,但还可以查询在校期间使用本系统考试的历史情况。

3) 功能实现。可批量导出、导入学生信息;可单独添加、修改、删除;可按学号、姓名、身份证号等进行查询。此表包含学号、身份证号、姓名,用户密码表为学生隐私提供保障。

(2) 非本校学生管理。非本校学生,需经过注册认证之后才可登录系统。使用自己的身份证号码为唯一注册码。个人注册填写个人信息,个人信息包括身份证号、姓名、性别、出生年月日、目前工作地点、联系电话。其中身份证号、姓名、性别、联系电话为必填项。其余功能与使用方法与本校学生相同。

10.2.2.2　题库管理

(1) 题目管理。题目为客观题,题目形式主要是四选一的单项选择题。题目的组织结构上由题干和选项组成,选项可以在新建题目的时候根据需要增加或减少。题目(题干和选项)内容表达可以使用文本、公式、化学式(包含上下标)、图片表示。题目的编排要求设立“题号”“考试科目”“知识点(按章分)”,录入题目时需要完整录入以下数据:题号、考试科目、题干内容、选项数、选项答案、选项 A 内容、选项 B 内容、选项 C 内容、选项 D 内容。其中,“题号”为关键字,“考试课程”和“知识点(按章分)”为外键,引用另一张表“考试知识点”。题目管理上有以下功能:①查找功能——能根据题号、所属分类号、题干内容、选项内容精确或模糊查找相关的题目信息;②添加功能——可以单独添加题目,也可以通过模板批量导入题目,可以用 Excel 文件导入,系统能够对化学公式、数学公式、图片做出对应显示版式的处理;③修改功能——可以对查找到的题目进行编辑和修改;④删除功能——可以对查找到的题目进行删除,也包括批量删除。

(2) 题库管理。题库是题目按照一定的方式组织起来的题目集合。题目的组织按照多级分类编排入库,每门考试分为若干知识点(按章分)。在多级分类结构中,最底层的知识点才编排具体的题目,非底层知识点只是用作格式编排以便查找管理使用。

10.2.2.3　考试管理

点击科目试卷,进入考试前,弹出页面说明“考试情况”或“注意事项”。考生确定后,正式进入考试。

(1) 卷面管理

1) 随机试卷。题目从题库中按一定比例从不同知识点的题目中抽取。每份考卷都是自动随机生成。不区分难度,只区分知识点。试卷可以统一或分开设置题目的数量、分数值、考试时间、及格分数。

2)试卷题目显示方式有两种,包括分页显示和整页显示。无论哪种显示方式,题号目录都是在最顶层。每道题目所占的空间大小一样,等距离显示。分页显示,每个页面只显示一道题目,答题之后跳转到下一道题,或者根据题号目录随意进入所选择的题目。整卷显示,一个页面显示全部题目,可上下拉动来查找题目,也可通过题号目录直接进入。点击答案后,在题目中自动对应答案。例如选了 A,题目中直接显示 A。

(2)考试过程管理

1)在考生点击科目之后,会弹出说明页面,上面有详细的考试规范、考试注意事项、指导答题、评分标准,这些信息都是由后台添加、修改和删除的。另外最下面有一个"开始答题"点击框,点击之后,才能进入试题页面,开始答题。点击"开始答题"后,系统自动开始倒计时,每个科目的考试总时间由后台设置,并可以根据实际的情况进行修改。倒计时结束后,不能再答题,也不能对之前的答案进行任何的操作,只可以查询。

2)设置题号目录,考生可以直接点击题号跳转到该题页面。光标所在位置题目的题号在题号目录里显示阴影。

3)答题的过程中,有多种答题方式供学生选择:手动(每答完一题,需自己手动点击下一题,或者点击目录题号,才会跳转),立即跳转(填写答案后,系统自动跳转到下一道题,若想修改,直接点击目录题号或者上一题回来修改),时间段跳转(有 1 秒、2 秒、3 秒、4 秒、5 秒、8 秒、10 秒等时间段选择),答完每题后留几秒钟的时间来做一次检查。选择之后仍可根据情况随时修改。最大的跳转时间段乘以题目数量不得超过考试总体时间的一半。

4)考生答题之后,题目和题号目录里的该题题号的颜色改变。并且在旁边显示考生答题进度(答题数量与总题量的比例)和时间进度(显示已用时间和总时间的比例),指导考生合理利用时间。在考试时间内,考生可以随时结束考试,点击结束考试后不能对试题再进行操作,结束考试须考生确认提交才生效。

5)时间用完或者考生自己点击结束之后,马上自动评卷,给出考试成绩。考试成绩记录进个人信息里,以后可以查询和打印。考生答卷将保存在系统中,可供教师查阅考生答题情况。系统根据后台设置可以显示正确答案,也可不显示,答完题之后,考生都可以看到结果(对或者错)。关闭试卷页面之后,考生没有权限再对该科目进行答题,只有任课教师或管理员重新授权之后才能再进行答题操作。

(3)合格学生管理。考试合格的学生不能再登录系统进行考试,但是可以选择练习。一旦学生考试合格,后台马上清除该用户的考试权限,但是保留所有的资料,鉴于服务器的容量和实际的学习周期,学生资料只保存五年,五年后系统自动清除。学生若同时考多个科目,每个科目须独立注册、申请。在五年内,学生再次注册报名,等于重新设置登录密码,亦可查询所有在本系统上考试过的历史成绩。

10.2.2.4　成绩管理

考试结束后,学生可以对自己本次考试或者历次考试的成绩进行查询。可通过科目名称来查询,也可以通过时间段来查询历史成绩。考生可以打印所有考试的科目成绩单。分科目分别打印。

成绩统计:区分合格和不合格,合格线(可后台设置)以上为合格。拥有管理权限的老师才能查看数据统计。成绩统计提供了如下功能:①个人成绩统计,以是否合格为标准来归类和统计通过率;②科目成绩统计,对某个科目,统计总合格人数及自动分析合格率;③试题答对率统计,对某道题目,统计其答对率;④整体统计,对全部学生的全部科目,根据合格线统计出通过率。

10.2.2.5　意外事故处理

(1)答题的过程中,系统会自动实时储存学生答题的进度,若网页异常关闭,或者出现断电、死机的情况,学生重新登入系统后,答题进度会自动恢复,答题倒计时不会间断,系统保留记忆的时间为考试剩余时间,若时间已过仍未再次登录,系统自动设置为答题结束状态,学生不能再继续考试该科目,但后台记录显示考试异常,学生可以在线申请重考该科目。

(2)若考生没有准备好的情况下,无意点击了开始答题,在 5 s 内退出视为开始无效。超过 5 s 后,视为正常启动考试。

(3)各种异常情况导致考生申请重考后,考生的试卷必定与上次考试的试卷不一样。

10.2.2.6　练习功能

在学生端左侧栏有"随机练习"链接。点击进入该功能。但是,这需要任课教师或管理员预先授权,如果学生点击进入不了,说明还没有得到授权,可以点击"申请授权"在线申请。随机练习时学生可以针对性选择练习章节。如果学生需要了解某一章或某个知识点的掌握情况,则可以在随机练习的章节列表中选择章节,系统会自动显示该章所有题目。如果没有选择章节,系统自动随机选择章节和知识点,供学生练习。学生每完成一题,系统自动显示正确答案。

10.3　网络考试系统的特色与优势

通过系统的统计分析功能,可以判断学生之间、班级之间、年级之间,不同教师之间的教学差异,客观、公正、科学。利于针对性地找到存在的问题,提出解决办法。新型考评模式,实现无机及分析化学网上自动考试、自动评分记录。实现考评"公平、公正、公开",真正体现知识更新日新月异,考评模式与时俱进。针对的对象可以是学生,也可以是企、事业单位人员,方便所有人学习,倡导终生学习。教学与测试不再受时空的限制,教学环境不再局限于课堂、实验室,实现实时学习,自主学习。有助于倡导创造性学习、研究性学习。

实际运用表明,通过构建网上考试系统,试题的覆盖面宽,题量大,老师可以更加灵活地对学生的学习进行考核,方便全面了解学生的学习情况,为改进教学提供依据;学生也可通过网络测验了解自己对内容的掌握情况,增强学习兴趣;易于实现个性化组题,组题与考试方便;标准化判卷更能提高老师的工作效率,评卷客观,方便进行结果统计与分析,能从多层面、多层次反映教学情况,方便教学管理;考核成本低,且"绿色化";对考核场地的要求弱化,甚至无须专门的监考老师;对考务工作人员来说,利用网络考试系统大大减少了考试的各项成本,更加方便、科学地实施教育测评。因此,该系统对于提高教学质量,节约教学资源,推行个性教育均具有非常重要的意义。

10.4　使用网络在线考试系统的注意事项

(1)全班都使用时,学生个人无须独立申请,由任课老师将学生信息模板发给学生,全班学生自己填入个人信息,任课老师导入系统,学生即可使用该考试系统。

(2)学生填写个人信息过程中,不能修改模板格式。不填的信息可以空,但不能删除行、列或空格。

(3)密码可以是数字、字母或符号,也可以是这几种的组合,如果中间有空格,空格也算密码(建议不要空格),密码不超12位。

(4)学生的学号、密码以及姓名不能错,建议字符中间不留空格。按多年使用情况反馈,极少数学生不能正常使用该系统,主要原因为:学生将自己的学号,密码或姓名录入错误或者忘记密码;部分同学是因为录入个人信息时中间加了空格,而登入系统时缺少空格,空格也会被认为是有用的字符。

(5)在使用过程中,系统出现异常(如断网、停电等),后台有记录,请联系任课老师处理。

参考答案

练习题参考答案

第1章　化学热力学基础

1.1　基本概念

一、选择题

　　1. A　2. A　3. A　4. B　5. C

二、判断题

　　1. √　2. √　3. √　4. ×　5. ×　6. √　7. √

1.2　热化学

一、选择题

　　1. C　2. B　3. C　4. C　5. C　6. B　7. A

二、判断题

　　1. ×　2. ×　3. √　4. √　5. √　6. ×

1.3　熵

一、选择题

　　1. A　2. B　3. A　4. C　5. D

二、判断题

　　1. ×　2. √　3. √　4. ×

1.4　自由能

一、选择题

　　1. C　2. D　3. C

二、判断题

　　1. ×　2. √　3. ×　4. ×

第2章　化学平衡

2.1　化学平衡

一、选择题

　　1. B　2. D

二、判断题

　　1. ×　2. ×

三、问答题

反应达到平衡时,宏观特征和微观特征有什么区别?

答:反应达到平衡时,宏观上,反应物和生成物的量不再变化,反应停止;微观上,反应仍然不断进行,且正反应的速率等于逆反应的速率,从而使得宏观上的反应停止。

2.2　平衡常数与自由能变化关系

一、选择题

　　D

二、判断题

　　1. ×　2. ×　3. ×

三、问答题

1. 固体化合物 A(s) 放入抽空的容器中发生分解反应:$A(s) \Longrightarrow Y(g) + Z(g)$。25 ℃时测得平衡压力为 66.7 kPa,假设 Y、Z 为理想气体,求反应的标准平衡常数。如果在该温度下容器中只有 Y 和 Z,Y 的压力为 13.3 kPa,为保证不生成固体,问 Z 的压力应如何控制?

答:根据标准平衡常数的计算公式,可求得 $K^{\ominus} = \dfrac{p_Y}{p^{\ominus}} \times \dfrac{p_Z}{p^{\ominus}} = \left(\dfrac{66.7}{2 \times 100} \right)^2 = 0.111$

为了不生成固体,反应需正向进行,$Q_p = \dfrac{p_Y}{p^\ominus} \cdot \dfrac{p_Z}{p^\ominus} = \dfrac{13.3}{100} \cdot \dfrac{p_Z}{100} < 0.111$

计算得 $p_Z < 83.6\ kPa$,即 Z 的压力应控制在 83.6 kPa 以下。

2. 化学平衡是动态的平衡,是暂时的,相对的,有条件的。若反应条件发生改变,化学平衡必定被打破。试分析哪些因素可导致化学平衡的移动,并说明原因。

答:化学平衡的影响因素有浓度、压力、惰性气体和温度。

(1)浓度:反应物浓度增加或产物浓度减小,反应商减小,平衡正向移动;反之逆向移动。

(2)压力:定温定容条件下,增大反应物分压,减小生成物分压,反应商减小,平衡正向移动;体积改变引起压力变化,增加压力,平衡向气体分子数减小的方向移动,降低压力,向其他分子数增大的方向移动,反应气体分子数不变,平衡不移动。

(3)惰性气体:恒温恒容条件下,平衡不移动;恒温恒压条件下,平衡向气体分子数增多的方向移动。

(4)温度:升高温度,平衡向吸热反应方向移动;降低温度,平衡向放热反应方向移动。

第4章　化学分析

4.1　误差和偏差

一、选择题

1. D　2. C

二、判断题

1. √　2. ×

三、问答题

减少系统误差的方法有哪些,哪些方法最有效?

答:减小系统误差的方法有选用标准方法、仪器校正、做空白试验或对照试验。其中对照试验最有效。

4.2　可疑值取舍

一、选择题

1. D　2. D

二、判断题

1. √　2. √

三、问答题

1.请说明有效数字运算规则。

答:(1)加减法:先按小数点后位数最少的数据保留其他各数的位数(以绝对误差最大为准),再进行加减计算,计算结果也使小数点后保留相同的位数。

(2)乘除法:先按有效数字最少的数据保留其他各数(以相对误差最大为准),再进行乘除运算,计算结果仍保留相同有效数字。

2.试说明有效数字修约规则。

答:修约规则是四舍六入五留双规则:

(1)当尾数小于或等于4时,直接将尾数舍去。

(2)当尾数大于或等于6时将尾数舍去向前一位进位。

(3)当尾数为5,而尾数后面的数字均为0时,应看尾数"5"的前一位:若前一位数字此时为奇数,就应向前进一位;若前一位数字此时为偶数,则应将尾数舍去。数字"0"在此时应被视为偶数。

(4)当尾数为5,而尾数"5"的后面还有任何不是0的数字时,无论前一位在此时为奇数还是偶数,也无论"5"后面不为0的数字在哪一位上,都应向前进一位。

4.3 滴定分析法

一、选择题

1.A 2.D 3.B

二、判断题

×

三、问答题

1.滴定分析法包括哪几类?

答:滴定分析法包括酸碱滴定、配位滴定、沉淀滴定和氧化还原滴定。

2.滴定分析方式有哪几种?

答:滴定分析方式有直接滴定法、反滴定法、置换滴定法、间接滴定法。

第5章　酸碱平衡与酸碱滴定

5.1 酸碱质子理论

一、选择题

1.C 2.B 3.D 4.C 5.A

二、判断题

1. √ 2. √

5.2 酸碱平衡的移动

一、选择题

1. B 2. C 3. A 4. C

二、判断题

1. × 2. √

5.3 酸碱平衡中有关浓度的计算

一、选择题

1. C 2. A 3. D 4. A 5. B 6. C 7. A

二、判断题

1. × 2. √

三、计算题

已知甲酸(HCOOH)的体积为 10.00 mL,物质的量浓度为 0.10 mol·L^{-1},试计算该溶液的 pH 及离解度。

解:$c/K_a > 500$,$c(H^+) = \sqrt{cK^{\ominus}} = \sqrt{0.10 \times 1.77 \times 10^{-4}} = 4.2 \times 10^{-3}(mol \cdot L^{-1})$

pH = 2.38 $a = c(H^+)/c = (4.2 \times 10^{-3})/0.10 \times 100\% = 4.2\%$

5.4 缓冲溶液

一、选择题

1. B 2. D 3. B

二、判断题

1. √ 2. ×

5.5 酸碱指示剂

一、选择题

1. A 2. B 3. C 4. A 5. A 6. B

二、判断题

1. √ 2. ×

5.6　酸碱滴定的基本原理

一、选择题

　　1. B　2. B

二、判断题

　　1. ×　2. ×　3. ×　4. √

5.7　酸碱滴定中 CO_2 的影响

一、选择题

　　1. A　2. C　3. A

二、判断题

　　1. √　2. √　3. √　4. √

5.8　酸碱滴定的应用

一、选择题

　　1. B　2. A　3. C　4. D　5. A

二、判断题

　　1. ×　2. ×　3. ×　4. ×　5. √

第6章　沉淀溶解平衡与沉淀滴定

6.1　难溶电解质的溶度积

一、选择题

　　D

二、判断题

　　1. √　2. ×　3. ×　4. √

6.2　溶度积规则

一、选择题

　　1. B　2. A　3. D

二、判断题

　　√

三、问答题

简述溶度积规则。

答:对于难溶电解质 A_nB_m,当溶液中的离子浓度的幂乘积 $[A^{m+}]^n \times [B^{n-}]^m$ 等于溶度积 Q_C 时,则溶液是饱和的;若小于其溶度积时,则没有沉淀生成;若大于其溶度积时,会有化合物的沉淀析出。即可表示为 $[A^{m+}]^n \times [B^{n-}]^m < Q_C$ 时,溶液未饱和,无沉淀析出;$[A^{m+}]^n \times [B^{n-}]^m = Q_C$ 时,溶液达到饱和,仍无沉淀析出;$[A^{m+}]^n \times [B^{n-}]^m > Q_C$ 时,有 A_nB_m 沉淀析出,直到 $[A^{m+}]^n \times [B^{n-}]^m = Q_C$ 时为止。

6.3 沉淀的产生和溶解

一、选择题

1. D　2. C

二、判断题

1. ×　2. ×

三、问答题

1. 试说明沉淀反应中的同离子效应和盐效应。

答:同离子效应:在难溶电解质的饱和溶液中,加入一种与难溶电解质含有相同离子的强电解质,难溶电解质的沉淀平衡将发生移动,其结果可使难溶电解质的溶解度降低。

盐效应:在难溶电解质溶液中,加入一种与难溶电解质无共同离子的电解质,将使难溶电解质的溶解度增大。

2. 大约50%的肾结石是由磷酸钙 $Ca_3(PO_4)_2$ 组成的。正常的尿液中的钙含量每天约为 0.10 g Ca^{2+},正常的排尿量为每天 1.4 L,为不使尿中形成 $Ca_3(PO_4)_2$,其中最大的 PO_4^{3-} 浓度不得高于多少?对肾结石患者来说,医生总是让患者多饮水,你能简单对其加以说明吗?

答:$K_{sp}^{\ominus}[Ca_3(PO_4)_2] = 2.1 \times 10^{-33}$

正常尿液中 Ca^{2+} 浓度为 $c(Ca^{2+}) = [(0.1/40.078) \div 1.4]$ mol $\cdot$ L^{-1} $= 1.78 \times 10^{-3}$ mol $\cdot$ L^{-1}

由 $K_{sp}^{\ominus}[Ca_3(PO_4)_2] = [c(Ca^{2+})]^3 \times [c(PO_4^{3-})]^2 = 2.1 \times 10^{-33}$

解得 $c(PO_4^{3-}) = 6.1 \times 10^{-13}$ mol $\cdot$ L^{-1}

因此 PO_4^{3-} 浓度小于 6.1×10^{-13} mol $\cdot$ L^{-1} 的时候,才不至于生成磷酸钙沉淀,可以有效防治肾结石。

6.4 分步沉淀和沉淀的转化

判断题

1.× 2.√ 3.× 4.×

6.5 沉淀滴定法

一、选择题

1.D 2.A 3.C

二、判断题

1.√ 2.√

三、问答题

试比较莫尔法、佛尔哈德法和法扬斯法的异同点。

答:莫尔法是以铬酸钾为指示剂确定终点的银量法。佛尔哈德法是以铁铵矾为指示剂确定终点的银量法。法杨斯法是以吸附指示剂指示终点的银量法。都是采用的银量法。

莫尔法滴定应当在中性或弱碱性介质中进行。若在酸性介质中,重铬酸根离子将与氢离子作用生成,溶液中铬酸根离子浓度将减小,铬酸银沉淀出现过迟,甚至不会沉淀;但若碱度过高,又将出现氧化二银沉淀。莫尔法测定的最适宜 pH 范围是 6.5 ~ 10.5。

佛尔哈德法滴定需在强酸性条件下进行。

法扬斯法则是用 $AgNO_3$ 标准溶液为滴定剂测定氯离子或者用 NaCl 标准溶液测定银离子,用吸附指示剂。吸附指示剂因吸附到沉淀上的颜色与其在溶液中的颜色不同而指示滴定终点。

第7章 配位平衡与配位滴定

7.1 基本概念

一、选择题

1.D 2.C 3.C 4.C 5.C 6.C

二、判断题

1.× 2.× 3.× 4.× 5.√ 6.× 7.× 8.√

7.3 配位平衡的有关计算

一、选择题

    1. D 2. B 3. A 4. C

二、判断题

    1. × 2. × 3. √

7.4 EDTA 与金属离子的配合物

一、选择题

    1. A 2. B 3. A 4. A

二、判断题

    1. √ 2. √ 3. ×

7.5 配位滴定条件的选择

一、选择题

    1. C 2. D 3. C

二、判断题

    1. √ 2. × 3. √ 4. × 5. √ 6. ×

第8章 氧化还原平衡与相关分析法

8.1 氧化还原平衡

判断题

    1. × 2. √ 3. × 4. × 5. ×

8.2 原电池和电极电势

一、判断题

    1. √ 2. × 3. ×

二、选择题

    1. B 2. D

8.3　电极电势的应用

一、判断题

1. √　2. √　3. ×

二、选择题

1. C　2. A

8.4　元素电势图及其应用

选择题

1. A　2. D　3. A　4. A　5. A

8.5　氧化还原滴定法

一、判断题

1. √　2. ×　3. ×　4. ×

二、选择题

C

8.6　电势分析法

选择题

1. D　2. B　3. D　4. C　5. B

第9章　吸光光度分析法

9.1　物质对光的选择性吸收

一、选择题

1. B　2. D　3. C　4. B

二、判断题

1. √　2. ×　3. √　4. √　5. ×　6. ×　7. ×　8. √　9. ×

9.2　吸光分析的基本定律

一、选择题

1. A　2. A　3. C　4. C　5. C　6. A　7. D　8. A　9. A　10. D

二、判断题

　　1. √　　2. √　　3. ×　　4. ×　　5. √　　6. ×　　7. √

<h3 style="text-align:center">9.3　定量分析的方法</h3>

选择题

　　1. B　　2. B　　3. B　　4. A　　5. D　　6. A

<h3 style="text-align:center">9.4　显色反应</h3>

一、选择题

　　1. B　　2. D　　3. D　　4. D

二、判断题

　　1. √　　2. √　　3. ×　　4. √

<h3 style="text-align:center">9.5　吸光度测量条件的选择</h3>

一、选择题

　　1. C　　2. B　　3. D　　4. C　　5. D　　6. B　　7. B　　8. A

二、判断题

　　1. ×　　2. ×　　3. ×

<h3 style="text-align:center">9.6　吸光光度分析法的应用</h3>

一、选择题

　　1. B　　2. C　　3. D　　4. C

二、判断题

　　1. √　　2. √　　3. ×

复习思考题参考答案

第1章　化学热力学基础

一、选择题

　　1. A　　2. A　　3. B　　4. B　　5. B　　6. A　　7. A　　8. D　　9. B　　10. D　　11. C　　12. A　　13. C

　　14. A　　15. B　　16. B　　17. C　　18. A　　19. A　　20. A　　21. B　　22. A　　23. B　　24. D　　25. C

26. D　27. D　28. A　29. A　30. D　31. B　32. A　33. C　34. D　35. C　36. D　37. D

二、判断题

1. ×　2. √　3. ×　4. √　5. √　6. √　7. ×　8. ×　9. √　10. ×　11. √　12. √

三、计算题

1. 查表计算得 $\Delta_r H_m^\ominus = (-635.09)+(-393.51)-(-1206.92)=178.32\ \text{kJ}\cdot\text{mol}^{-1}$

$$\Delta_r S_m^\ominus = 39.75+213.64-92.88=160.51\ \text{J}\cdot\text{mol}^{-1}\cdot\text{K}^{-1}$$

所以　$\Delta_r G_m^\ominus = 178.32-298\times160.51\times10^{-3}=130.49\ \text{kJ}\cdot\text{mol}^{-1}$

故该反应不能自发地向右进行。

要使反应自发地进行，必须使 $\Delta_r G_m^\ominus$ 小于零。

即　$\Delta_r G_m^\ominus = \Delta_r H_m^\ominus - T\Delta_r S_m^\ominus < 0$

$$T > \frac{\Delta_r H}{\Delta_r S} = \frac{178.32\times10^3}{160.51}=1111\ \text{K}$$

即最低温度约为 1111 K。

2. $\frac{1}{2}N_2(g)+\frac{3}{2}H_2(g) =\!=\!= NH_3(g)$

$$\lg\frac{K_{773}^\ominus}{K_{298}^\ominus}=\frac{\Delta_r H}{2.303R}\left(\frac{1}{T_1}-\frac{1}{T_2}\right)$$

$$=\frac{-53.0\times10^3}{2.303\times8.314}\left(\frac{1}{298}-\frac{1}{773}\right)$$

$$\frac{K_{773}^\ominus}{K_{298}^\ominus}=1.96\times10^{-6}$$

$$K_{773}^\ominus=1.96\times10^{-6}\times1.93\times10^3$$

$$=3.8\times10^{-3}$$

因是放热反应，故升高温度使平衡向逆反应方向移动，不利于提高产物的产率。

3. 根据 $\Delta_r G_m^\ominus = -RT\ln K^\ominus$

$$\ln K^\ominus=\frac{-\Delta_r G_m^\ominus}{RT}=\frac{-61330}{8.314\times673}=-10.961$$

得 $K^\ominus=1.737\times10^{-5}$

4. 因 $\Delta_r G_m^\ominus = \Delta_r H_m^\ominus - T\Delta_r S_m^\ominus$

所以 $\begin{cases}-95.4=\Delta_r H_m^\ominus-400\times\Delta_r S\\-107.9=\Delta_r H_m^\ominus-300\times\Delta_r S\end{cases}$

解得 $\Delta_r H_m^\ominus=-145\ \text{kJ}\cdot\text{mol}^{-1}$

$\Delta_r S = 125 \text{ J} \cdot \text{K}^{-1} \cdot \text{mol}^{-1}$

500 K 时，$\Delta_r H_m^{\ominus}$、$\Delta_r S$ 受温度升高的影响不大，与 298 K 时的数值近似相等，但$\Delta_r G_m^{\ominus}$的数值变化较大。

5. 解　查表算得 $\Delta_r H_m^{\ominus}(298 \text{ K}) = 2 \times 35.98 - 2 \times 90.25 = -108.54 \text{ kJ} \cdot \text{mol}^{-1}$

$\Delta_r S(298 \text{ K}) = 2 \times 240.06 - 2 \times 210.8 - 205.1 = -146.58 \text{ J} \cdot \text{K}^{-1} \cdot \text{mol}^{-1}$

故 $\Delta_r G_m^{\ominus}(373 \text{ K}) \approx \Delta_r H_m^{\ominus}(298 \text{ K}) - T \Delta_r S(298 \text{ K})$

$\qquad = (-108.54) - 373 \times (-146.58 \times 10^{-3})$

$\qquad = -53.9 \text{ kJ} \cdot \text{mol}^{-1}$

而 $\Delta_r G_m(373 \text{ K}) = \Delta_r G_m^{\ominus}(373 \text{ K}) + RT \ln Q$

$\qquad = -53.9 + 8.314 \times 10^{-3} \times 373 \times \ln \dfrac{(0.101325/100)^2}{(1.01325/100)^2 \times \dfrac{100}{100}}$

$\qquad = -68.0 \text{ kJ} \cdot \text{mol}^{-1}$

在非标准状态，373 K 时反应能自发进行。

第2章　化学平衡

一、选择题

1. D　2. D　3. A　4. B　5. D　6. C　7. B　8. A　9. C　10. B　11. C　12. B　13. D
14. B　15. B　16. A　17. B　18. C　19. A　20. A　21. C　22. D　23. D　24. B　25. A
26. D　27. C　28. C　29. A　30. B　31. C　32. A　33. A　34. B　35. D　36. B　37. B
38. C　39. B　40. A

二、判断题

1. √　2. √　3. √　4. √　5. ×　6. ×　7. √　8. ×　9. √　10. √

第3章　物质结构基础

一、选择题

1. D　2. D　3. C　4. D　5. C　6. B　7. C　8. C　9. C　10. D　11. D　12. C　13. C
14. A　15. D　16. D　17. B　18. C　19. B　20. B　21. C　22. D　23. B　24. C　25. B
26. D

二、判断题

1. √　2. ×　3. ×　4. √　5. √　6. √　7. ×　8. ×　9. ×　10. √

第4章　化学分析

一、选择题

　　1. D　2. D　3. C　4. D　5. A　6. A　7. B　8. B　9. B　10. B　11. D　12. B　13. A
14. C　15. D　16. B　17. C　18. B　19. C　20. B　21. C　22. A　23. C　24. A　25. B
26. C　27. D　28. B　29. A　30. C　31. C　32. B　33. B　34. C　35. D　36. C　37. A
38. B　39. D　40. C

二、判断题

　　1. ×　2. √　3. ×　4. √　5. √　6. ×　7. ×　8. ×　9. √　10. √

第5章　酸碱平衡与酸碱滴定

一、选择题

　　1. A　2. C　3. B　4. A　5. B　6. C　7. C　8. C　9. D　10. A　11. C　12. C　13. B
14. A　15. A　16. C　17. B　18. A　19. B　20. B　21. A　22. B　23. D　24. B　25. B
26. C　27. D　28. B　29. C　30. D　31. D　32. D　33. B　34. B　35. B　36. D　37. D
38. B　39. D　40. B　41. D　42. B　43. C　44. B　45. C　46. D　47. D　48. B　49. D
50. C　51. C　52. B　53. C　54. C　55. B　56. B　57. B　58. C　59. B　60. B　61. C
62. B　63. B　64. B　65. C　66. A　67. C　68. C　69. D　70. B　71. C　72. C　73. B
74. A　75. C　76. C　77. D　78. A　79. C　80. C　81. A　82. A　83. D　84. C

二、判断题

　　1. √　2. √　3. ×　4. ×　5. ×　6. ×　7. ×　8. ×　9. √　10. √　11. ×　12. √
13. √　14. ×　15. √　16. ×　17. ×　18. ×　19. ×　20. ×　21. √　22. √　23. ×　24. √
25. ×　26. √　27. √　28. ×　29. ×　30. √　31. √

三、计算题

　　1. 解：Na_2CO_3 溶液

$$c(OH^-) = \sqrt{\frac{K_w}{K_{a2}} \cdot C_b} = \sqrt{\frac{1.0 \times 10^{-14}}{5.6 \times 10^{-11}} \times 0.20}$$

$$= 6.0 \times 10^{-3} \text{ mol} \cdot \text{L}^{-1}$$

　　pOH = 2.22　pH = 11.78

　　加入 HCl 后 Na_2CO_3 刚好完全转化为 $NaHCO_3$

$$c(H^+) = \sqrt{K_{a1} \cdot K_{a2}} = \sqrt{4.3 \times 10^{-7} \times 5.6 \times 10^{-11}}$$

$$=4.9\times10^{-9} \text{ mol} \cdot \text{L}^{-1}$$

pH $=8.31$

2. 解:$c(\text{HAc})=\dfrac{130\times0.60}{1000}=0.078 \text{ mol} \cdot \text{L}^{-1}$

$c(\text{NaAc} \cdot 3\text{H}_2\text{O})=\dfrac{100}{136.08}=0.73 \text{ mol} \cdot \text{L}^{-1}$

$\text{pH}=pK_a+\lg\dfrac{c_a}{c_b}=4.75+\lg\dfrac{0.73}{0.078}=5.72$

3. 解:$\text{pH}=pK_a+\lg\dfrac{c_a}{c_b}$

$=4.75+\lg\dfrac{\frac{m}{136.08}\times\frac{1000}{500}}{0.20}$

$m=24 \text{ g}$

4. 解:(1)$\text{pH}=pK_{a2}+\lg\dfrac{c_b}{c_a}=pK_{a2}+\lg\dfrac{n_b}{n_a}$

$=7.20+\lg\dfrac{0.35\times50}{0.25\times100}=7.05$

(2)加入 NaOH 后

$\text{pH}=pK_{a2}+\lg\dfrac{n_b}{n_a}=7.20+\lg\dfrac{0.35\times50+0.10\times50}{0.25\times100-0.10\times50}=7.25$

5. 解:①设需加入 $0.10 \text{ mol} \cdot \text{L}^{-1}$ HCl x mL

则生成 $n(\text{NH}_4\text{Cl})=n(\text{HCl})=0.10x$

$n(\text{NH}_3 \cdot \text{H}_2\text{O})=500\times0.10-0.10x$

$pK_a=-\lg K_a=-\lg\dfrac{K_w}{K_b}=-\lg\dfrac{1.0\times10^{-14}}{1.8\times10^{-5}}=9.25$

$\text{pH}=pK_a+\lg\dfrac{c_b}{c_a}=pK_a+\lg\dfrac{n_b}{n_a}$

$=9.25+\lg\dfrac{n(\text{NH}_3 \cdot \text{H}_2\text{O})}{n(\text{NH}_4\text{Cl})}$

即 $10.0=9.25+\lg\dfrac{500\times0.10-0.10x}{0.10x}$

解得 $x=75.53 \text{ mL}$

②设需加入固体 NH_4Cl m g,则

$\text{pH}=pK_a+\lg\dfrac{n_b}{n_a}$

即 $10.0 = 9.25 + \lg \dfrac{500 \times 10^{-3} \times 0.1}{\dfrac{m}{53.49}}$

解得 $m = 0.48$ g

6. 解：滴定到百里酚酞终点时，NaH_2PO_4 转化成 Na_2HPO_4；而溴甲酚绿终点时，样品中 Na_2HPO_4 和转化来的 Na_2HPO_4 共同被滴到 NaH_2PO_4，则

$$w(NaH_2PO_4) = \dfrac{c(NaOH) \cdot V(NaOH) \cdot M(NaH_2PO_4)}{m}$$

$$= \dfrac{0.1000 \times 20.00 \times 10^{-3} \times 120.04}{1.000} \times 100\% = 24.01\%$$

$$w(Na_2HPO_4) = \dfrac{[c(HCl) \cdot V(HCl) - c(NaOH) \cdot V(NaOH)] \cdot M(Na_2HPO_4)}{m}$$

$$= \dfrac{(0.1000 \times 30.00 - 0.1000 \times 20.00) \times 10^{-3} \times 142.02}{1.000} \times 100\%$$

$$= 14.20\%$$

7. 解：$NH_4^+ + KOH \longrightarrow NH_3 \xrightarrow{HCl} NH_4Cl$

$HCl + NaOH \longrightarrow H_2O + NaCl$

$NH_4^+ - NH_3 - HCl$

$\Delta n(NH_3) = \Delta n(HCl)$

$$w(NH_3) = \dfrac{\Delta n(HCl) \cdot \dfrac{M(NH_3)}{1000}}{m(试样)}$$

$$= \dfrac{(50.00 \times 0.5000 - 0.5000 \times 1.56) \times \dfrac{17.00}{1000}}{2.000} \times 100\%$$

$$= 20.59\%$$

8. 解：酚酞终点时耗 HCl 体积为 V_1，甲基橙终点时耗 HCl 体积为 V_2。

因为 $V_1 > V_2 > 0$，所以试样组成为 $NaOH + Na_2CO_3$。

$$w(Na_2CO_3) = \dfrac{c(HCl) \cdot V_2 \cdot \dfrac{M(Na_2CO_3)}{1000}}{m(试样)}$$

$$= \dfrac{0.2896 \times 24.10 \times \dfrac{106.0}{1000}}{0.8983} \times 100\%$$

$$= 82.36\%$$

$$w(\text{NaOH}) = \frac{c(\text{HCl}) \cdot (V_1 - V_2) \cdot \frac{M(\text{NaOH})}{1000}}{m(\text{试样})}$$

$$= \frac{0.2896 \times (31.45 - 24.10) \times \frac{40.00}{1000}}{0.8983} \times 100\%$$

$$= 9.48\%$$

第6章 沉淀溶解平衡与沉淀滴定

一、选择题

1. A 2. B 3. B 4. C 5. C 6. D 7. D 8. D 9. A 10. C 11. A 12. B 13. B
14. D 15. B 16. C 17. B 18. D 19. C 20. A 21. B 22. C 23. B 24. B 25. A
26. D 27. C 28. D 29. C 30. A 31. A 32. C 33. B 34. A 35. D 36. A 37. D
38. B 39. D 40. B 41. C 42. B 43. A 44. D 45. B 46. D 47. D 48. B 49. A
50. A 51. C 52. A 53. B 54. D 55. A 56. C 57. D 58. A 59. B 60. B

二、判断题

1. × 2. × 3. √ 4. × 5. × 6. √ 7. × 8. √ 9. √ 10. √

三、计算题

1. （1）解：$AgBr(s) \Longrightarrow Ag^+(aq) + Br^-(aq)$

$K_{sp}^{\ominus}(AgBr) = c(Ag^+) \cdot c(Br^-)$

因为 1 L 水中溶解 AgBr 为 7.1×10^{-7} mol

即 $c(Ag^+) = c(Br^-) = 7.1 \times 10^{-7}$ mol $\cdot$ L^{-1}

所以 $K_{sp}^{\ominus}(AgBr) = 7.1 \times 10^{-7} \times 7.1 \times 10^{-7} = 5.0 \times 10^{-13}$

（2）$BaF_2(s) \Longrightarrow Ba^{2+}(aq) + 2F^-(aq)$

$K_{sp}^{\ominus}(BaF_2) = c(Ba^{2+}) \cdot c(F^-)$

从已知条件可得出 $c(Ba^{2+}) = 6.3 \times 10^{-3}$ mol $\cdot$ L^{-1}

$c(F^-) = 2 \times 6.3 \times 10^{-3} = 1.3 \times 10^{-2}$ mol $\cdot$ L^{-1}

所以 $K_{sp}^{\ominus}(BaF_2) = 6.3 \times 10^{-3} \times (1.3 \times 10^{-2})^2 = 1.1 \times 10^{-6}$

2. （1）设 CaF_2 在纯水中的溶解度为 S mol $\cdot$ L^{-1}，则

$$CaF_2(s) \Longrightarrow Ca^{2+}(aq) \quad + \quad 2F^-(aq)$$

平衡浓度/(mol $\cdot$ L^{-1}) S $2S$

$c(Ca^{2+}) \cdot c^2(F^-) = K_{sp}^{\ominus}(CaF_2)$

$S \cdot (2S)^2 = 1.5 \times 10^{-10}$

$$S = 3.3 \times 10^{-4} \text{mol} \cdot \text{L}^{-1}$$

（2）在 $1.0 \times 10^{-2} \text{mol} \cdot \text{L}^{-1} \text{NaF}$ 溶液中

$$\text{CaF}_2(\text{s}) \Longrightarrow \text{Ca}^{2+}(\text{aq}) \quad + \quad 2\,\text{F}^-(\text{aq})$$

平衡浓度/$(\text{mol} \cdot \text{L}^{-1})$ $\qquad\qquad$ S $\qquad$ $(2S + 1.0 \times 10^{-2})$

$$\approx 1.0 \times 10^{-2}$$

所以 $S \cdot (1.0 \times 10^{-2})^2 = 1.5 \times 10^{-10}$ $\quad S = 1.5 \times 10^{-6} \text{mol} \cdot \text{L}^{-1}$

（3）在 $1.0 \times 10^{-2} \text{mol} \cdot \text{L}^{-1} \text{CaCl}_2$ 溶液中

$$\text{CaF}_2(\text{s}) \Longrightarrow \text{Ca}^{2+}(\text{aq}) \quad + \quad 2\,\text{F}^-(\text{aq})$$

平衡浓度/$(\text{mol} \cdot \text{L}^{-1})$ $\qquad\qquad$ $(S + 1.0 \times 10^{-2})$ $\qquad$ $2S$

$$\approx 1.0 \times 10^{-2}$$

所以 $(1.0 \times 10^{-2}) \cdot (2S)^2 = 1.5 \times 10^{-10}$

$$S = 6.1 \times 10^{-5} \text{mol} \cdot \text{L}^{-1}$$

3.（1）PbS 完全沉淀时所需的 S^{2-} 浓度：

$$c(S^{2-}) \geqslant \frac{K_{sp}^{d}(\text{PbS})}{c(\text{Pb}^{2+})} = \frac{9.0 \times 10^{-29}}{1.0 \times 10^{-5}} = 9.0 \times 10^{-24} \text{mol} \cdot \text{L}^{-1}$$

MnS 开始沉淀时所需的 S^{2-} 浓度：

$$c(S^{2-}) = \frac{K_{sp}^{\ominus}(\text{MnS})}{c(\text{Mn}^{2+})} = \frac{4.6 \times 10^{-14}}{1.0} = 4.6 \times 10^{-14} \text{mol} \cdot \text{L}^{-1}$$

故为达到分离目的，溶液中 S^{2-} 的浓度应控制在

$$9.0 \times 10^{-24} \text{mol} \cdot \text{L}^{-1} \leqslant c(S^{2-}) < 4.6 \times 10^{-14} \text{mol} \cdot \text{L}^{-1}$$

（2）通入 H_2S 气体来实现，假设溶液中的 H_2S 始终处于饱和状态，

则 $c(H_2S) = 0.10 \text{ mol} \cdot \text{L}^{-1}$

PbS 沉淀完全时溶液的 H^+ 浓度应为

$$c(H^+) \leqslant \sqrt{\frac{K_{a1}^{d}(H_2S) \cdot K_{a2}^{\ominus}(H_2S) c(H_2S) \cdot 1.0 \times 10^{-5}}{K_{sp}^{\ominus}(\text{PbS})}}$$

$$= \sqrt{\frac{1.3 \times 10^{-7} \times 7.1 \times 10^{-15} \times 1.01 \times 1.0 \times 10^{-5}}{9.0 \times 10^{-29}}}$$

$$= 2.9 \times 10^{1} \text{mol} \cdot \text{L}^{-1}$$

MnS 开始沉淀时溶液的 H^+ 浓度为

$$c(H^+) = \sqrt{\frac{K_{a1}^{d}(H_2S) \cdot K_{a2}^{\ominus}(H_2S) \cdot c(H_2S) \cdot c(\text{Mn}^{2+})}{K_{sp}^{\ominus}(\text{MnS})}}$$

$$= \sqrt{\frac{1.3 \times 10^{-7} \times 7.1 \times 10^{-15} \times 0.10 \times 1.0}{4.6 \times 10^{-14}}}$$

$$= 4.5 \times 10^{-5} \, mol \cdot L^{-1}$$

故通入 H_2S 气体,溶液的 H^+ 浓度$(mol \cdot L^{-1})$应控制在

$$4.5 \times 10^{-5} < c(H^+) < 2.9 \times 10^{1} \, mol \cdot L^{-1}$$

4. $Fe(OH)_3$ 沉淀完全的 pH 值应为

$$c^3(OH^-) \geqslant \frac{K_{sp}^{\ominus}[Fe(OH)_3]}{1.0 \times 10^{-5}} = \frac{2.6 \times 10^{-39}}{1.0 \times 10^{-5}} = 2.6 \times 10^{-34} \, mol \cdot L^{-1}$$

$$c(OH^-) \geqslant 6.4 \times 10^{-12} \quad pH \geqslant 2.81$$

$Fe(OH)_2$ 开始沉淀所需的 pH 值为

$$c(OH^-) = \sqrt{\frac{K_{sp}^{\ominus}[Fe(OH)_2]}{c(Fe^{2+})}} = \sqrt{\frac{4.9 \times 10^{-17}}{0.050}} = 3.1 \times 10^{-8} \, mol \cdot L^{-1}$$

$$pH = 6.50$$

故溶液的 pH 值应控制在 $2.81 \leqslant pH < 6.50$。

5. 沉淀 Ag^+ 所需 $c(CrO_4^{2-}) = \dfrac{K_{sp}^{\ominus}(Ag_2CrO_4)}{c^2(Ag^+)} = \dfrac{1.1 \times 10^{-12}}{(1.0 \times 10^{-3})^2} = 1.1 \times 10^{-6} \, mol \cdot L^{-1}$

沉淀 Sr^{2+} 所需 $c(CrO_4^{2-}) = \dfrac{K_{sp}^{\ominus}(SrCrO_4)}{c(Sr^{2+})} = \dfrac{2.2 \times 10^{-5}}{1.0 \times 10^{-3}} = 2.2 \times 10^{-2} \, mol \cdot L^{-1}$

因为沉淀 Ag^+ 所需 CrO_4^{2-} 浓度低,所以 Ag^+ 先沉淀,而当 $SrCrO_4$ 开始沉淀时

$$c(CrO_4^{2-}) = \frac{K_{sp}^{\ominus}(SrCrO_4)}{c(Sr^{2+})} = \frac{K_{sp}^{\ominus}(Ag_2CrO_4)}{c^2(Ag^+)}$$

$$\frac{c^2(Ag^+)}{c(Sr^{2+})} = \frac{1.1 \times 10^{-12}}{2.2 \times 10^{-5}}$$

这时 $c(Ag^+) = 7.1 \times 10^{-6} \, mol \cdot L^{-1}$

所以 $SrCrO_4$ 开始沉淀时,Ag^+ 已沉淀完全,两者可达到分离。

6. $NaCl(g/mL) = \dfrac{1}{V_{试样}} \cdot c(AgNO_3) \cdot \dfrac{V(AgNO_3)}{1000} \cdot M(NaCl)$

$$= \frac{1}{10.00} \times 0.104 \, 5 \times \frac{14.58}{1000} \times 58.44$$

$$= 8.90 \times 10^{-3} \, mol \cdot L^{-1}$$

7. $w(KBr) = \dfrac{\left[c(AgNO_3) \cdot \dfrac{V(AgNO_3)}{1000} - c(NH_4SCN) \cdot \dfrac{V(NH_4SCN)}{1000}\right] \cdot M(KBr)}{m(试样) \times \dfrac{20.00}{100.0}}$

$$= \frac{\left(0.1200 \times \frac{30.00}{1000} - 0.105\,0 \times \frac{20.20}{1000}\right) \times 119.0}{1.500 \times \frac{20.00}{100.0}}$$

$$= 58.65\%$$

第7章　配位平衡与配位滴定

一、选择题

1. A　2. D　3. C　4. B　5. D　6. C　7. B　8. B　9. D　10. C　11. C　12. B　13. D
14. C　15. D　16. B　17. C　18. D　19. A　20. B　21. D　22. A　23. D　24. C　25. D
26. B　27. C　28. A　29. B　30. D　31. B　32. B　33. B　34. D　35. C　36. D　37. A
38. A　39. C　40. D　41. A　42. D　43. A　44. B　45. A　46. A　47. C　48. C　49. A
50. C　51. C　52. C　53. B　54. C　55. D　56. C　57. C　58. C　59. B　60. B　61. A
62. A　63. B　64. C　65. A　66. C　67. D　68. B　69. D　70. B　71. A

二、判断题

1. ×　2. ×　3. ×　4. √　5. ×　6. ×　7. ×　8. ×　9. √　10. √　11. √　12. √
13. ×　14. ×　15. ×　16. √　17. ×　18. ×　19. ×　20. ×　21. ×　22. ×　23. ×　24. ×
25. √　26. √　27. √　28. √　29. ×　30. ×　31. ×　32. √　33. ×　34. ×　35. √　36. ×
37. ×　38. ×　39. √　40. ×　41. ×　42. ×　43. √

三、计算题

1. 解：

$$Zn^{2+} + \quad 4NH_3 \Longrightarrow [Zn(NH_3)_4]^{2+}$$

平衡时/$(mol \cdot L^{-1})$　8.13×10^{-14}　$6-4\times0.1$　　0.1

$$K_f^{\ominus} = \frac{c([Zn(NH_3)_4]^{2+})}{c(Zn^{2+}) \cdot c^4(NH_3)} = \frac{0.1}{8.13 \times 10^{-14} \times (6-0.4)^4} = 1.25 \times 10^9$$

2. 解：设 AgI 溶解了 x mol

（1）　　　　$2NH_3 + AgI(s) \Longrightarrow [Ag(NH_3)_2]^+ + I^-$

初始时/$(mol \cdot L^{-1})$　　　6　　　　　0　　　　0

平衡时/$(mol \cdot L^{-1})$　　$6-2x$　很少　　　x　　　x

$$K_j^{\ominus} = \frac{c[Ag(NH_3)_2^+] \cdot c(I^-)}{c^2(NH_3)}$$

$$= 1.12 \times 10^7 \times 8.51 \times 10^{-17}$$

$$= 9.53 \times 10^{-10}$$

把以上数据代入 $K_j^{\ominus}$ 关系式

$$K_j^{\ominus} = 9.53 \times 10^{-10} = \frac{x^2}{(6-2x)^2}$$

$$x = 1.85 \times 10^{-4} \, \text{mol} \cdot \text{L}^{-1}$$

（2）

	$2\,\text{CN}^-$	$+$	Ag I(s)	$=\!=\!=$	$[\text{Ag(CN)}_2]^- + \text{I}^-$
初始时/(mol·L^{-1})	1				0 $\quad$ 0
平衡时/(mol·L^{-1})	1$-2x$		很少		x $\quad$ x

$$K_j^{\ominus} = \frac{c[\text{Ag(CN)}_2^-] \cdot c(\text{I}^-)}{c^2(\text{CN}^-)}$$

$$= 1.26 \times 10^{21} \times 8.51 \times 10^{-17}$$

$$= 1.1 \times 10^5$$

把以上数据代入 $K_j^{\ominus}$ 关系式

$$K_j^{\ominus} = 1.1 \times 10^5 = \frac{x^2}{(1-2x)^2}$$

$$x = 0.50 \, \text{mol} \cdot \text{L}^{-1}$$

所以 1 L 1 mol·L^{-1} KCN 溶液能溶解较多的 AgI。

3. 解：$\text{Ag(CN)}_2^- + \text{I}^- =\!=\!= \text{Ag I(s)} + 2\,\text{CN}^-$

$$K_j^{\ominus} = \frac{1}{K_f^{\ominus}[\text{Ag(CN)}_2^-] \cdot K_{sp}^{\ominus}(\text{AgI})} = \frac{1}{1.26 \times 10^{21} \times 8.51 \times 10^{-17}} = 9.3 \times 10^{-6}$$

反应商 $Q_c = \dfrac{\left(\dfrac{0.10}{2}\right)^2}{\dfrac{0.20}{2} \times \dfrac{0.20}{2}} = 0.25$

$Q_c > K_j^{\ominus}$ 反应逆向进行，即无 AgI 沉淀生成。

另解：$\text{Ag}^+ + 2\,\text{CN}^- =\!=\!= \text{Ag(CN)}_2^-$

$$c[\text{Ag(CN)}_2^-] = 0.10 \, \text{mol} \cdot \text{L}^{-1}, c(\text{CN}^-) = 0.05 \, \text{mol} \cdot \text{L}^{-1}$$

$$K_f^{\ominus}[\text{Ag(CN)}_2^-] = \frac{c[\text{Ag(CN)}_2^-]}{c(\text{Ag}^+) \cdot c^2(\text{CN}^-)}$$

代入数据则

$$c(\text{Ag}^+) = \frac{0.10}{1.26 \times 10^{21} \times 0.05^2} = 3.2 \times 10^{-20} \, \text{mol} \cdot \text{L}^{-1}$$

$$c(\text{I}^-) = \frac{0.20 \, \text{mol} \cdot \text{L}^{-1}}{2}$$

$$Q_c = c(\text{Ag}^+) \cdot c(\text{I}^-) = 3.2 \times 10^{-20} \times \frac{0.20}{2} < K_{sp}^{\ominus}(\text{AgI})$$

故无 AgI 沉淀生成。

4. 解:(1) $c(Ag^+)=0.050\ mol\cdot L^{-1}$, $c(Cl^-)=0.050\ mol\cdot L^{-1}$

$$Q_C=0.050\times0.050=2.5\times10^{-3}>K_{sp}^{\ominus}(AgCl)$$

故有 AgCl 沉淀生成。

(2) 要阻止 AgCl 沉淀生成,则

$$c(Ag^+)\leqslant\frac{K_{sp}^{\ominus}(AgCl)}{c(Cl^-)}=3.6\times10^{-9}\ mol\cdot L^{-1}$$

$$Ag^+\quad+\quad 2NH_3 =\!=\!= Ag(NH_3)_2^+$$

平衡时/(mol·L⁻¹) 3.6×10^{-9} x 0.050

$$K_f^{\ominus}[Ag(NH_3)_2]^+=\frac{c([Ag(NH_3)_2]^+)}{c(Ag^+)\cdot c^2(NH_3)}$$

即 $1.12\times10^7=\dfrac{0.050}{3.6\times10^{-9}\times x^2}$

$x=1.11\ mol\cdot L^{-1}$

起始 NH_3 最低浓度为 $1.11+2\times0.05=1.21\ mol\cdot L^{-1}$。

5. 解:$P_2O_5-2P_2-Mg-2EDTA$

$$W(P_2O_5)=\frac{\frac{1}{2}\times0.02000\times30.00\times141.95}{0.2000\times1000}=21.29\%$$

6. 解:设 AgCl 在 $1.0\ mol\cdot L^{-1}$KSCN 溶液中的溶解度为 $x\ mol\cdot L^{-1}$

$$AgCl(s)\quad+\quad 2SCN^- =\!=\!= Ag(SCN)_2^-\ +\ Cl^-$$

平衡时/(mol·L⁻¹) $1.0-2x$ x x

$$K_j^{\ominus}=\frac{c[Ag(SCN)_2^-]c(Cl^-)}{c^2(SCN^-)}=\frac{x^2}{(1.0-2x)^2}$$

$$K_j^{\ominus}=K_f^{\ominus}\cdot K_{sp}^{\ominus}$$

故 $K_f^{\ominus}\cdot K_{sp}^{\ominus}=\dfrac{x^2}{(1.0-2x)^2}$

溶度积 $K_{sp}^{\ominus}(AgCl)$ 为已知,只要测定溶解度 x,$Ag(SCN)_2^-$ 配离子的稳定常数即可求得。在 x、$K_{sp}^{\ominus}$、$K_f^{\ominus}$ 三者中,只要已知任意两者,即可求得第三者。

第8章　氧化还原平衡与相关分析法

一、选择题

1. A　2. C　3. B　4. A　5. D　6. C　7. B　8. D　9. C　10. A　11. C　12. A　13. B

14. B　15. D　16. B　17. B　18. C　19. A　20. B　21. B　22. C　23. D　24. A　25. B

26. A 27. B 28. A 29. D 30. C 31. A 32. A 33. A 34. C 35. C 36. B 37. D

38. C 39. D 40. A 41. B 42. A 43. C 44. B 45. D 46. D 47. A 48. C 49. A

50. B 51. A 52. D 53. B 54. A 55. B 56. C 57. D 58. A 59. B 60. D 61. B

62. D 63. C 64. A 65. B 66. C 67. D 68. C 69. A 70. C 71. B 72. A 73. C

74. D 75. D 76. C 77. A 78. B 79. B 80. B

二、判断题

1. × 2. × 3. √ 4. √ 5. √ 6. × 7. × 8. √ 9. √ 10. √ 11. × 12. √

13. × 14. × 15. × 16. √ 17. √ 18. × 19. √ 20. √

三、计算题

1. 解:(1)在标准状态下,反应正向进行。

(2)原电池符号:$(-)Pt|Fe^{3+},Fe^{2+}\|MnO_4^-,Mn^{2+}|Pt(+)$

$E^{\ominus}==\varphi_{(+)}^{\ominus}-\varphi_{(-)}^{\ominus}=1.507-0.771=0.736$ V

(3)$\varphi(MnO_4^-/Mn^{2+})=\varphi^{\ominus}+\dfrac{0.059}{5}\lg\dfrac{c(MnO_4^-)\cdot c^8(H^+)}{c(Mn^{2+})}$

$$=1.507+\left(\dfrac{0.059}{5}\right)\lg\left(1\times10^8\over1\right)=1.602\text{ V}$$

$\varphi(Fe^{3+}/Fe^{2+})=\varphi^{\ominus}(Fe^{3+}/Fe^{2+})$

$E=1.602-0.771=0.831$ V

2. 解:设计如下原电池:

正极 $AgCl+e^-\!\!=\!\!=\!\!=\!\!=Ag+Cl^-$

负极 $Ag^++e^-\!\!=\!\!=\!\!=\!\!=Ag$

电池反应 $AgCl\!\!=\!\!=\!\!=\!\!=Ag^++Cl^-$

电池反应 $\lg K^{\ominus}\!\!=\!\!=\!\!=\lg K_{sp}^{\ominus}(AgCl)=n\left[\varphi^{\ominus}\left(\dfrac{AgCl}{Ag}\right)-\varphi^{\ominus}\left(\dfrac{Ag^+}{Ag}\right)\right]/0.059$

$$=1\times\dfrac{0.2222-0.7994}{0.059}=-9.766$$

$K_{sp}^{\ominus}(AgCl)=1.71\times10^{-10}$

3. 解:(1)$\varphi(Ag^+/Ag)=\varphi^{\ominus}+0.059\lg c(Ag^+)=0.7994+0.059\lg0.10=0.74$ V

$\varphi(Zn^{2+}/Zn)=\varphi^{\ominus}+(0.059/2)\lg c(Zn^{2+})=-0.7600+(0.059/2)\lg0.30=-0.78$ V

反应在给定条件下正向进行。

(2)$\lg K^{\ominus}=\dfrac{nE^{\ominus}}{0.059}=n[\varphi^{\ominus}(Ag^+/Ag)]-\varphi^{\ominus}(Zn^{2+}/Zn)/0.059$

$$=2\times\dfrac{0.7994+0.7600}{0.059}=52.86$$

$K^{\ominus} = 7.24 \times 10^{52}$

(3)反应式 $\qquad 2Ag^+ + Zn \Longrightarrow 2Ag + Zn^{2+}$

平衡时/$(mol \cdot L^{-1})$ $\quad 0.10-2x \qquad\qquad\qquad 0.30+x$

代入平衡常数表达式 $\quad 7.24 \times 10^{52} = \dfrac{0.30+x}{(0.10-2x)^2}$

解得 $\quad x \approx 0.050$

平衡时 $\quad c(Ag^+) \approx 0.10 - 2 \times 0.050 = 0$

计算结果表明,反应正向进行得相当完全,平衡时剩余的 Ag^+ 已经可以忽略。

4.解:反应式 $\quad 2MnO_4^- + 5H_2O_2 + 6H^+ \Longrightarrow 2Mn^{2+} + 5O_2 \uparrow + 8H_2O$

$H_2O_2 - 2/5\ KMnO_4$

$\Delta n(H_2O_2) = 2/5 \Delta n(KMnO_4)$

H_2O_2 含量$(g \cdot L^{-1}) = (5/2 \times 0.02532 \times 27.68 \times 10^{-3} \times 34.02)/(20.00 \times 10^{-3} \times$

$20.00/100.0) = 14.91$

5.解:反应式

$2Fe^{3+} + 2I^- \Longrightarrow 2Fe^{2+} + I_2$

$I_2 + 2S_2O_3^{2-} \Longrightarrow 2I^- + S_4O_6^{2-}$

$Fe^{3+} - 1/2 I_2 - S_2O_3^{2-}$

$w(FeCl_3 \cdot 6H_2O) = (0.1000 \times 18.17 \times 10^{-3} \times 270.30)/0.5000 = 98.41\% < 99.0\%$

产品属于三级品。

6.解:$Cr_2O_7^{2-} + 6Fe^{2+} + 14H^+ \Longrightarrow 2Cr^{3+} + 6Fe^{3+} + 7H_2O$

$MnO_4^- + 5Fe^{2+} + 8H^+ \Longrightarrow Mn^{2+} + 5Fe^{3+} + 4H_2O$

$Cr^{3+} - \dfrac{1}{2}Cr_2O_7^{2-} - 3Fe_{反应}^{2+}\ ;\ 5Fe_{反应}^{2+} - MnO_4^-$

故 $\Delta n(Cr) = \dfrac{1}{3}\Delta n_{反应}(Fe^{2+}) = \dfrac{1}{3}[\,n_{总}(Fe^{2+}) - n_{剩}(Fe^{2+})\,]$

$\qquad\qquad = \dfrac{1}{3}[\,n_{总}(Fe^{2+}) - 5n(MnO_4^-)\,]$

所以 $w(Cr) = \dfrac{\dfrac{1}{3}[\,n_{总}(Fe^{2+}) - 5n(MnO_4^-)\,] \cdot M(Cr)}{m}$

$\qquad = \dfrac{\dfrac{1}{3}(0.1000 \times 25.00 \times 10^{-3} - 0.01800 \times 5 \times 7.00 \times 10^{-3}) \times 52.00}{1.000}$

$\qquad = 3.24\%$

7.解:设与试液中 KI 作用的 KIO_3 为 n_1 mmol,剩余的 KIO_3 为 n_2 mmol

由 $IO_3^- + 5I^- + 6H^+ \xlongequal{\hspace{1cm}} 3I_2 + 3H_2O$

得 $n_1(KIO_3) \xlongequal{\hspace{1cm}} \dfrac{1}{5}n(KI)$

由 $IO_3^- + 5I^- + 6H^+ \xlongequal{\hspace{1cm}} 3I_2 + 3H_2O$

$I_2 + 2S_2O_3^{2-} \xlongequal{\hspace{1cm}} 2I^- + S_4O_6^{2-}$

得 $n_2(KIO_3) = \dfrac{1}{6}n(Na_2S_2O_3)$

因为 $n(KIO_3) = n_1(KIO_3) + n_2(KIO_3)$

所以 $n(KI) = 5n(KIO_3) - \dfrac{5}{6}n(Na_2S_2O_3)$

$c(KI) = (5 \times 0.05000 \times 10.00 - \dfrac{5}{6} \times 0.1008 \times 21.14)/25.00$

$= 0.02900 \ mol \cdot L^{-1}$

第9章   吸光光度分析法

一、选择题

　1. C　2. C　3. A　4. B　5. A　6. A　7. D　8. A　9. D　10. B　11. D　12. B　13. A

14. A　15. A　16. B　17. C　18. B　19. C　20. A　21. B　22. B　23. A　24. C　25. D

26. A　27. D　28. D　29. D　30. C　31. D　32. C　33. C　34. C　35. D　36. C　37. B

38. D　39. B　40. C　41. C　42. D　43. D　44. C　45. C　46. D　47. D　48. D　49. A

50. C

二、判断题

　1. ×　2. ×　3. √　4. √　5. √　6. ×　7. √　8. ×　9. ×　10. ×　11. √　12. ×

13. √　14. √　15. √　16. ×　17. ×　18. ×　19. ×　20. ×

三、计算题

　1.解:(1) $c_s = (10 \times 4)/50 = 0.8 \ \mu g \cdot mL^{-1}$

　　　(2) $c_x = \dfrac{c_s \cdot A_x}{A_s} = \dfrac{0.8 \times 0.250}{0.125} = 1.6 \ \mu g \cdot mL^{-1}$

　　　(3) $\omega(P) = 1.6 \times 100 \times 10^{-6} \times 50.0/10.0/1.00 = 0.08\%$

　2.解:设 NO_2^- 的浓度为 c_x,NO_3^- 的浓度为 c_y,则有

　　　$A_{335} = \varepsilon_{x335} \cdot b \cdot c_x + \varepsilon_{y335} \cdot b \cdot c_y$

　　　$A_{302} = \varepsilon_{x302} \cdot b \cdot c_x + \varepsilon_{y302} \cdot b \cdot c_y$

即 $0.730 = 23.3 \times 1 \times c_x$

$1.010 = c_x \times 1 \times 23.3/2.5 + c_y \times 1 \times 7.24$

解得 $c_x = 0.0310 \ \text{mol} \cdot \text{L}^{-1}$

$c_y = 0.0992 \ \text{mol} \cdot \text{L}^{-1}$

3. 解：$A = \lg(1/T) = 0.267$

$\varepsilon = A/(bc) = 0.267/(2 \times 7.72 \times 10^{-6}) = 1.73 \times 10^4 \ \text{L} \cdot \text{mol}^{-1} \cdot \text{cm}^{-1}$